Sebastian Felix Reinecke
Instrumentierte Strömungsfolger zur Prozessdiagnose
in gerührten Fermentern

TUDpress

DRESDNER BEITRÄGE ZUR SENSORIK

Herausgegeben von

Gerald Gerlach

Band 52

Sebastian Felix Reinecke

Instrumentierte Strömungsfolger zur Prozessdiagnose in gerührten Fermentern

TUDpress
2014

Die vorliegende Arbeit wurde am 26. Juni 2013 als Dissertation an der Fakultät Elektrotechnik und Informationstechnik der Technischen Universität Dresden eingereicht und am 6. Dezember 2013 erfolgreich verteidigt.

Gutachter:	Jun.-Prof. Dr.-Ing. H. Heuer (Vorsitzender)
	Prof. Dr.-Ing. habil. G. Gerlach (Gutachter)
	Prof. Dr.-Ing. habil. U. Hampel (Gutachter)
	Prof. Dr.-Ing. O. Kanoun (Gutachterin)

Bibliografische Information der Deutschen Nationalbibliothek
Die Deutsche Nationalbibliothek verzeichnet diese Publikation in der Deutschen Nationalbibliografie; detaillierte bibliografische Daten sind im Internet über http://dnb.d-nb.de abrufbar.

Bibliographic information published by the Deutsche Nationalbibliothek
The Deutsche Nationalbibliothek lists this publication in the Deutsche Nationalbibliografie; detailed bibliographic data are available in the Internet at http://dnb.d-nb.de.

ISBN 978-3-944331-50-8

© TUDpress
Verlag der Wissenschaften GmbH
Bergstr. 70 | D-01069 Dresden
Tel.: 0351/47 96 97 20 | Fax: 0351/47 96 08 19
http://www.tudpress.de

Gesetzt vom Autor.
Printed in Germany.

Technische Universität Dresden

Instrumentierte Strömungsfolger zur Prozessdiagnose in gerührten Fermentern

Dipl.-Ing. Sebastian Felix Reinecke

von der Fakultät Elektrotechnik und Informationstechnik der Technischen Universität Dresden

zur Erlangung des akademischen Grades eines

Doktoringenieurs

(Dr.-Ing.)

genehmigte Dissertation

Vorsitzender:	Herr Jun.-Prof. Dr.-Ing. H. Heuer		
Gutachter:	Herr Prof. Dr.-Ing. habil. G. Gerlach	Tag der Einreichung:	26.06.2013
	Herr Prof. Dr.-Ing. habil. U. Hampel	Tag der Verteidigung:	06.12.2013
	Frau Prof. Dr.-Ing. O. Kanoun		

„Das Leben ist wert, gelebt zu werden,
sagt die Kunst, die schönste Verführerin;
das Leben ist wert, erkannt zu werden,
sagt die Wissenschaft.“

(Friedrich Nietzsche)

Vorwort des Herausgebers

Die Erzeugung von Energie aus Biogas ist ein wichtiger Baustein unseres zukünftigen Energiekonzepts. Das Biogas dafür wird in Biogasfermentoren gewonnen. In den letzten Jahren ist die Anzahl solcher Anlagen allein in Deutschland auf etwa 3000 gestiegen. Allerdings zeigt sich, dass die bisherige Ausnutzung des Potenzials, das das Biogas bietet, bisher sehr gering ist. Biogasanlagen verwenden nahezu keine Instrumentierung, um die Anlagentechnik geeignet steuern und damit effizient betreiben zu können. Dadurch ist auch das Wissen über die Mischvorgänge in Biogasfermentoren und die entscheidenden Einflüsse auf die Prozessführung völlig unzureichend.

Diese Arbeit untersucht, wie man durch strömungsfolgende Sensoren, die in Biogasfermentoren eingebracht werden und dann die relevanten Prozessparameter räumlich verteilt messen, Kenntnis über die ablaufenden Mischprozesse erlangt. Damit lassen sich einerseits direkte Schlussfolgerungen für den Betrieb von Biogasfermentoren ableiten, andererseits aber auch theoretische Prozessmodelle entwickeln, validieren und anpassen, um Biogasanlagen zukünftig viel effizienter betreiben zu können.

Bisher gibt es keine zusammenhängende Arbeit, die diese Fragestellungen in einer solchen Breite und Komplexität betrachtet hat. Deshalb leistet der hier vorliegende Band der „Dresdner Beiträge zur Sensorik" einen herausragenden Beitrag zur weiteren Entwicklung von Biogasfermentoren, aber auch ganz allgemein zum Energiekonzept der Zukunft. Diese Arbeit ist nicht nur wissenschaftlich interessant, sondern auch technisch von ganz besonderer Bedeutung. Ich wünsche ihr deshalb die ihr gebührende Aufmerksamkeit.

Dresden im Januar 2014 Gerald Gerlach

Abstract

Advanced monitoring of the spatio-temporal distribution of process parameters in large-scale vessels and containers such as stirred chemical or bioreactors offers a high potential for the investigation and further optimization of plants and embedded processes. This applies especially to large-scale fermentation biogas reactors where the process performance including the biological processes highly depend on mixing parameters of the complex bio-substrates. Sufficient mixing is a basic requirement for a stable operation of the process and adequate process performance. However, this condition is rarely met in agricultural biogas plants and the process efficiency is often reduced dramatically by inhomogeneities in the agitated vessels. Without a doupt, investigation and monitoring of biochemical parameters, such as the fermentation rate, pH distribution as well as O_2 and CO_2 concentration is of great importance. Nevertheless, also understanding of non-biological parameters, such as fluid dynamics (flow velocity profiles, circulation times), suspension mixing (homogeneity, location of dead zones and short-circuits) and heat transfer (temperature profiles), is necessary to analyze the impact of mixing on the biological system and also to improve the process efficiency.

However, in most industrial scale applications the acquisition of these parameters and their spatial distributions in the large-scale vessels is hampered by the limited access to the process itself, because sensor mounting or cable connections are not feasible or desired. Therefore, state of the art instrumentation of such reactors is commonly limited to few spatial positions where it is doubtfully assumed that the measured parameters are representative for the whole reaction mixture.

In this work, a concept of flow following sensor particles was developed. The sensor particles allow long-term measurement of spatially distributed process parameters in the chemically and mechanically harsh environments of agitated industrial vessels. Each sensor particle comprises of an onboard measurement electronics that logs the signals of measurement devices, namely temperature, absolute pressure (immersion depth, axial position) and 3D acceleration. The whole electronics is enclosed in a robust neutrally buoyant capsule (equivalent diameter 58.2 mm; sphericity 0.91), to allow free movement with the flow.

The sensor particles were tested in pilot fermenters under comparable flow conditions of biogas fermenters. The experiments proved the applicability of the sensor particles and the robustness to resist the harsh environments of mixing processes. Moreover, the results show the capabilities of the sensor particles to monitor the internal conditions of the vessel correctly and thus deliver significant information about the flow regime. Therefore effects of liquid rheology, vessel geometry, impeller speed and axial impeller position on the macro-mixing process were properly detected. Evaluation of the impeller efficiency and the mixing processes was done based on mixing homogeneity, location of dead zones, axial velocity profiles, circulation time distributions as well as average circulation times, acceleration spectra and temperature profiles that were extracted from the measured data. Furthermore, it is shown, that parameters of mixing models such as circulation number, impeller head, PECLÉT-number and variance of suspended solid particles can be estimated from the measured data.

The main achievement of this work is therefore the development and validation of instrumented flow followers for the investigation of macro-mixing effects in agitated vessels. The sensor particles show potential for employment to real applications such as biogas fermenters or large bioreactors and to monitor and improve the mixing and heating regimes.

Danksagung

Die vorliegende Arbeit entstand während meiner Tätigkeit als Doktorand am Institut für Fluiddynamik des Helmholtz-Zentrums Dresden-Rossendorf. An dieser Stelle danke ich der Studienstiftung des Deutschen Volkes e. V. für die finanzielle Unterstützung, durch welche die Durchführung der Arbeit erst möglich wurde.

Bedanken möchte ich mich außerdem bei Herrn Prof. Gerald Gerlach und Herrn Prof. Uwe Hampel für ihr Interesse am bearbeiteten Thema, die engagierte Betreuung und die hilfreichen Anregungen. Ihnen drücke ich auch für die großzügige Gewährung der fachlichen Freiräume bei der Bearbeitung dieses weitreichenden Themengebietes meinen Dank aus. Dies gilt ganz besonders für die Gelegenheit des sechsmonatigen Aufenthaltes in der Arbeitsgruppe von Herrn Prof. Trevor York an der University of Manchester.

Weiterer Dank gilt den lieben Kollegen vom Fraunhofer IKTS, Frau Dr.-Ing. Karin Jobst, Frau Dipl.-Ing. Anne Deutschmann, Frau Dipl.-Ing. Annett Lomtscher, Herrn Dipl.-Ing. Ralf Eichstätter und Herrn Dr.-Ing. Eberhard Friedrich, und auch der Firma LEHMANN Maschinenbau GmbH für die Unterstützung bei den Messungen am „Applikationszentrum Bioenergie Pöhl" und die fruchtbare Zusammenarbeit.

Selbstverständlich hat das Arbeitsumfeld einen bedeutenden Anteil zum Gelingen beigetragen. Deshalb bedanke ich mich herzlich bei den Kollegen der Abteilungen FWDF und FWDC. Insbesondere gilt mein tiefer Dank Herrn Dipl.-Ing. Martin Tschofen, Herrn Dipl.-Ing. Eckhard Schleicher und Herrn Dipl.-Ing. Wilfried Zimmermann für die Unterstützung bei der Konstruktion und dem Aufbau der Sensorpartikel sowie Dr.-Ing. Holger Kryk und Dr.-Ing. Markus Schubert für die anregenden Diskussionen und Hilfestellungen bei den verfahrenstechnischen Fragestellungen. Ganz besonders danke ich Dipl.-Ing. Yves Bärtling und Dipl.-Ing. Uwe Pöpping dafür, dass sie immer ein offenes Ohr und frischen Espresso für mich hatten: „*Nichts beflügelt die Wissenschaft so, wie der Schwatz mit Kollegen auf dem Flur.*" (Arno Penzias)

Weiterhin bin ich für die überaus bereichernde Zeit mit Felix Voigt, Mathias Jäkel, Stefan Reichel und Christian Schneider im Rahmen ihrer Diplomarbeiten und mit Ragna Kipping, Jialei Dong, Umang Khandelwal, Ivan Demyakow und Paul-Martin Schöneich während ihrer studentischen Arbeiten sehr dankbar.

Danke an all die Geduldigen … meine Eltern, Verwandte, Freunde, Meike, Ralf und Antonio. Letztlich danke ich der für mich wichtigsten Person, meiner lieben Ehefrau Susanne, für ihr tiefes Verständnis, ihre andauernde Unterstützung, ihre endlose Geduld und ihre Liebe, ohne die das alles nicht erreichbar gewesen wäre.

Inhaltsverzeichnis

Symbolverzeichnis

Lateinische Symbole

Symbol	Beschreibung	Einheit
a	Beschleunigung	$m \cdot s^{-2}$
A	Fläche	m^2
a_x, a_y, a_z	Beschleunigung in x-, y- und z-Richtung	$m \cdot s^{-2}$
$\boldsymbol{a}_g$	Betrag der Beschleunigung mit statischem Anteil von g	$m \cdot s^{-2}$
a_0	Absolutglied der Kalibrierfunktion des Umgebungsdrucks	Pa
a_1	1. Koeffizient der Kalibrierfunktion des Umgebungsdrucks	$Pa \cdot (LSB \cdot K)^{-1}$
a_2	2. Koeffizient der Kalibrierfunktion des Umgebungsdrucks	$Pa \cdot K^{-1}$
a_3	3. Koeffizient der Kalibrierfunktion des Umgebungsdrucks	$Pa \cdot LSB^{-1}$
b	Bitbreite des ADU	
b_1	Einbaubreite der Stromstörer	m
b_2	Stromstörerbreite	m
c	spezifische Wärmekapazität	$J \cdot (kg \cdot K)^{-1}$
C	Kapazität	F
C_H	Haltekondensator	F
C_{nom}	Batteriekapazität	Ah
C_P	Parallelkondensator	F
$\overline{c}$	Endkonzentration	
c_0	Ausgangskonzentration	
Δc	Konzentrationsschwankungen	
Δc_0	Konzentrationsdifferenz vor Beginn eines Mischvorganges	
d	Durchmesser	m
d_*	dimensionsloser Partikeldurchmesser	
d_1	Behälterdurchmesser	m
d_2	Rührerdurchmesser	m
E	Energie	J
f	Frequenz	Hz
F	Kraft	N
F_A	statische Auftriebskraft	N
F_D	dynamische Auftriebskraft	N
F_g	Schwerkraft	N

F_{P}	Druckkraft	N
F_{T}	Trägheitskraft	N
F_{W}	Widerstandskraft	N
F_{Z}	Zentrifugalkraft	N
f_{R}	relative Häufigkeitsdichte	
g	Schwerebeschleunigung	$\mathrm{m \cdot s^{-2}}$
G	Verstärkung	
FOS	Konzentration flüchtiger organischer Säuren	$\mathrm{mg \cdot L^{-1}}$
h	Eintauchtiefe	m, mWS
h_{B}	Rührerblatthöhe	m
H_{R}	Förderhöhe des Rührwerks	m
h_{T}	Trombentiefe	m
h_{2m}	Rührereinbauhöhe über dem Boden	m
h_3	effektive Einbauhöhe der Stromstörer	m
H_0	Füllhöhe	m
i	Übersetzungsverhältnis	
I	Strom	A
I_{L}	Leckagestrom	A
k	Erweiterungsfaktor der Messunsicherheit	
K	Anzahl Koeffizienten in der Kalibrierfunktion des Drucks	
k_{C}	Faktor der Laufzeitverlängerung der Batterie	
k_{M}	Proportionalitätsfaktor der Mischkurve	
k_{t}	dimensionslose Gruppe der Zirkulationsmenge	
k_{σ}	Proportionalitätsfaktor	
k_0	Absolutglied der Temperaturregression	K
k_1	1. Koeffizient der Temperaturregression	$\mathrm{K \cdot LSB^{-1}}$
k_2	2. Koeffizient der Temperaturregression	$\mathrm{K^2 \cdot LSB^{-2}}$
k_3	3. Koeffizient der Temperaturregression	$\mathrm{K^3 \cdot LSB^{-3}}$
k_4	4. Koeffizient der Temperaturregression	$\mathrm{K^4 \cdot LSB^{-4}}$
l	Länge	m
L	charakteristische Länge	m
l_i	Länge des Inneraums	m
l_{M}	Wandstärke an der Kontaktstelle	m
m	Masse	kg
M	Mischgüte	
n	Drehzahl	$\mathrm{s^{-1}}$, $\mathrm{min^{-1}}$
$\vec{n}$	Normalenvektor	m
N_{s}	Anzahl Stromstörer	
O	Anzahl Koeffizienten in der Temperaturregression	
oTS	organischer Trockensubstanzgehalt – wie TS aber ohne anorganische Substanz	%TS

p	Druck	Pa
$\overline{P}_{\mathrm{Batt}}$	mittlere Leistung der Batterie	W
P_{el}	elektrische Leistung des Rührwerkes	W
$\overline{P}_{\mathrm{M}}$	mittlere Leistung im Messzyklus	W
p_{h}	hydrostatischer Druck	Pa
$\overline{p}_n$	Mittelwert des gemessenen Drucks	Pa
P_{R}	Signalleistung des Rauschens	W
P_{S}	Signalleistung des Gleichspannungssignals	W
p_{s}	Staudruck	Pa
p_{U}	Umgebungsdruck	Pa
p_0	statischer Druck	Pa
Q_{Z}	Zirkulationsmenge	m^3
Δq	Quantisierungsbreite	mV, LSB
r	radiale Koordinate	m
r_1	Radius des Behälters	m
R_{G}	Rückkoppelwiderstand	Ω
R_{S}	Schalterwiderstand	Ω
R_{T}	NTC-Widerstand	Ω
R_{V}	Vorwiderstand	Ω
R_λ	spezifischer Wärmewiderstand	$\mathrm{m{\cdot}K{\cdot}W^{-1}}$
R_0	NTC-Widerstand bei T_0	Ω
s	komplexer Frequenzparameter	s^{-1}
s_{K}^2	Varianz der Kalibrierfunktion der Umgebungstemperatur	K^2
$s_{\mathrm{K,p}}^2$	Varianz der Kalibrierfunktion des Umgebungsdrucks	Pa^2
$s_{\varphi p}^2$	Varianz des lokalen Feststoffanteils	
SNR	Signal-Rausch-Verhältnis	dB
t	Zeit	s
T	Temperatur	K, °C
T_{B}	Temperatur im Behälter	K, °C
T_{i}	Temperatur im Gehäuse	K, °C
t_{K}	Kontaktzeit	s
T_{L}	Batterielaufzeit	Tage
T_{M}	Temperatur an der Messstelle	K
t_{M}	Mischzeit	s
t_{Z}	Zirkulationszeit	s
$\overline{t}_{\mathrm{Z}}$	mittlere Zirkulationszeit	s
TAC	alkalische Pufferkapazität	$\mathrm{mg{\cdot}L^{-1}}$
TS	Trockensubstanzgehalt - wasserfreier Anteil eines Stoffgemisches nach Trocknung bei 105 °C.	Masse-%
$\vec{t}$	Tangentialvektor	m
ΔT_{E}	Toleranz der Temperatur durch Eigenerwärmung	K

ΔT_{Ref}	Auflösung des Referenztemperaturmessfühlers	K
ΔT_{L}	Toleranz der Temperatur durch Leckagestrom	K
δT_{M}	mittlere Temperaturauflösung	$\mathrm{K \cdot LSB^{-1}}$
U	elektrische Spannung	V
U_{B}	elektrische Betriebsspannung	V
u_{c}	kombinierte Messunsicherheit der Messung von U_{T}	K
$u_{\mathrm{c,p}}$	kombinierte Messunsicherheit der Messung von U_{p}	Pa
U_{h}	Gesamtmessunsicherheit der Eintauchtiefe	mWS
u_{K}	Messunsicherheit der Kalibrierkennlinie der Temperatur	K
$u_{\mathrm{K,p}}$	Messunsicherheit der Kalibrierkennlinie des Drucks	Pa
u_{Norm}	Messunsicherheit des Thermokalibrators	K
$u_{\mathrm{Norm,p}}$	Messunsicherheit des Druckkalibrators	Pa
U_{p}	Messspannung des Drucks	V
u_{pu}	kombinierte Messunsicherheit der Druckmessung	Pa
U_{pu}	Gesamtmessunsicherheit des Umgebungsdrucks	Pa
u_{Ref}	Messunsicherheit des Referenztemperaturmessfühlers	K
$u_{\mathrm{Ref,p}}$	Messunsicherheit des Druckreglers	Pa
U_{T}	Messspannung der Temperatur	V
u_{Tu}	kombinierte Messunsicherheit der Temperaturmessung	K
U_{Tu}	Gesamtmessunsicherheit der Umgebungstemperatur	K
V	Volumen	$\mathrm{m^3}$
V_{B}	Behältervolumen	$\mathrm{m^3}$
v	Geschwindigkeit, Strömungsgeschwindigkeit	$\mathrm{m \cdot s^{-1}}$
v_{s}	Sinkgeschwindigkeit	$\mathrm{m \cdot s^{-1}}$
v_{u}	Rührerumfangsgeschwindigkeit	$\mathrm{m \cdot s^{-1}}$
v_{z}	axiale Geschwindigkeit	$\mathrm{m \cdot s^{-1}}$
v_{∞}	charakteristische Geschwindigkeit	$\mathrm{m \cdot s^{-1}}$
v_{*}	dimensionslose Sinkgeschwindigkeit	
z	axiale Koordinate im Behälter	m

Griechische Symbole

SYMBOL	BESCHREIBUNG	EINHEIT
α	Volumenanteil	
β	NTC- Materialkonstante	K
ε	mittlere Dissipationsrate, Energieeintrag	$\mathrm{W \cdot kg^{-1}}$
ϕ	Schlupf	
φ_{p}	Feststoffgehalt	

$\dot{\gamma}$	Scherrate	s^{-1}
ϑ	Temperatur	K
Λ	Makromaßstab	m
λ	Mikromaßstab	m
λ_K	Mikromaßstab nach KOLMOGOROV	m
μ	dynamische Viskosität	Pa·s
ν	kinematische Viskosität	$m^2 \cdot s^{-1}$
θ	Zeitmaß	s
ρ	Dichte	$kg \cdot m^{-3}$
σ	Standardabweichung, Streuung	
σ_p	Streuung des Drucksignals	Pa
σ_{pu}	Streuung des Drucksignals durch Signalrauschen	LSB, V, Pa
σ_{pn}	Streuung des Drucksignals durch Staudruck	Pa
σ_{Tu}	Streuung des Temperatursignals durch Signalrauschen	LSB, V, K
σ_Z	Streuung der Zirkulationszeitverteilung	s
τ	Schubspannung	$N \cdot m^{-2}$
τ_K	Zeitskale nach KOLMOGOROV	s
τ_1, τ_2, τ_3	thermische Zeitkonstanten	s
$\tau_{0.25}$, $\tau_{0.99}$	Einschwingzeiten	s
ψ	Sphärizität	

Dimensionslose Kennzahlen

BW	Bewehrungs-Zahl
c_A	Auftriebsbeiwert eines Körpers
c_W	Widerstandszahl eines Körpers
c_Z	Zirkulationsbeiwert
D_{Diff}	Diffusionskoeffizient
Ne	NEWTON-Zahl
N_M	Mischzeitkennzahl
Pe	PECLÉT-Zahl
Re	REYNOLDS-Zahl
St_v	STOKES-Zahl

Indizes

Batt	Batterie
Cbatt	Pufferkondensator an der Batterie
E	eigen
eff	effektiv
ESR	Equivalent Series Resistance
f	Fluid
ges	gesamt
i	innen
K	Kugel
krit	kritisch
LF	Leitfähigkeitssonde
M	Messstelle
makro	Makromaßstab
max	Maximum
mess	Messung
min	Minimum
nom	nominell
Norm	Normal
p	Partikel
p	Druck
pu	Umgebungsdruck
Ref	Referenz
sb	selbstbewehrend
Shunt	Shunt-Widerstand
St	STOKES
spez	spezifisch
T	Temperatur
th	thermisch
Tu	Umgebungstemperatur
U	Umgebung
ub	unbewehrt
vb	vollbewehrt
vol	volumetrisch
vt	vollturbulent
x	x-Koordinate
y	y-Koordinate
z	z-Koordinate
Z	Zirkulationsströmung

Abkürzungen

ADU	Analog Digital Umwandler
ANSYS	Analysis System, Finite Elemente Software der Firma ANSYS Inc.
ASIC	Application-specific Integrated Circuit
CARPT	Computer-assisted Radioactive Particle Tracking
CFD	Computational Fluid Dynamics
CFX	CFD-Software der Firma ANSYS Inc.
DKD	Deutscher Kalibrierdienst
DMS	Dehnmessstreifen
ECT	Electrical Capacitance Tomography
EEG	Erneuerbare-Energien-Gesetz
EIT	Electrical Impedance Tomography
ERT	Electrical Resistance Tomography
FEM	Finite Elemente Methode
HZDR	Helmholtz-Zentrum Dresden-Rossendorf
IKTS	Fraunhofer-Institut für Keramische Technologien und Systeme
IMU	Inertial Measurement Unit
LDA	Laser-Doppler-Anemometrie
LGA	Verbindungssystem für integrierte Schaltungen (Land Grid Array)
LIF	Laser-induced Fluorescence
NTC	Negative Temperature Coefficient Thermistor
OEM	Original equipment manufacturer
PDA	Phasen-Doppler-Anemometrie
PEPT	Positron Emission Particle Tracking
PIV	Particle Image Velozimetrie
PMMA	Polymethylmethacrylat
PTC	Positive Temperature Coefficient Thermistor
RTD	Resistive Temperature Detector
SMD	Surface-Mounted Device
SW	Schlüsselweite
UDA	Ultraschall-Doppler-Anemometrie
USB	Universal Serial Bus
USART	Universal Serial Asynchronous Receiver Transmitter
µAUV	Micro-actuated Underwater Vehicle

1 Einleitung

Dieses Kapitel dient der Einordnung der vorliegenden Arbeit in das Themengebiet der Messtechnik zur Untersuchung von Mischvorgängen in Biogasfermentern. Es wird im Speziellen auf die Möglichkeiten autonomer Sensoren in Strömungsanwendungen eingegangen. Weiterhin wird die Zielstellung der Arbeit vorgestellt.

1.1 Motivation

Durch den weltweit ansteigenden Energiebedarf, die Verknappung fossiler Ressourcen und durch die wachsenden Emissionen von Treibhausgasen erhalten regenerative Energieformen einen immer höheren Stellenwert. Dies zeigt sich inbesondere in der von der Bundesregierung beschlossenen „Energiewende“. Dadurch wird der Ausbau einer auf regenerativen Energieträgern basierenden und CO_2-neutralen Energieversorgung in Deutschland zukünftig weiter vorangetrieben. Neben anderen regenerativen Energien, wie Windenergie, Solarenergie und Wasserkraft, gewinnt dabei die Energiequelle Biomasse und inbesondere die Technologie Biogas zunehmend an Bedeutung. Biogasanlagen tragen durch die Erzeugung von Wärme und elektrischer Energie aus Biomasse mit einer gleichzeitigen Einsparung von CO_2-Emissionen zur Umweltentlastung und zur Förderung der Nachhaltigkeit bei. Biogasanlagen hatten in Deutschland 2010 bereits Anteile von 14% an der Erzeugung elektrischer Energie und 9% an der Erzeugung von Wärme aus regenerativen Energien [1].

Allein in den letzten zehn Jahren ist die Anzahl der Anlagen zur Energieerzeugung aus Biogas in Deutschland um über 500% von ca. 1.300 Anlagen 2001 auf über 7.000 Anlagen 2011 gestiegen [2]. Dabei ist ein Trend zu Anlagen mit höheren installierten elektrischen Leistungen und damit auch zu größeren Behältervolumina erkennbar [3]. Hinzu kommt die geringe Ausnutzung des Primärpotenzials von Biogas. Dieses betrug 2007 ca. 362 PJ/a und wurde mit 108 PJ nur zu ca. 30% ausgenutzt [2]. Zudem wird für 2020, unter der Annahme einer Ertragssteigerung bei nachwachsenden Rohstoffen von 2%/a, ein gesteigertes Primärpotenzial von Biogas von über 500 PJ/a prognostiziert. Aus diesen Gründen ist in den nächsten Jahren mit einem stetigen Wachstum dieser dezentralen, potenziell CO_2-neutralen und zudem grundlastfähigen Energieversorgungsanlagen zu rechnen.

Der Betrieb von Biogasanlagen wird zunehmend durch wirtschaftliche Aspekte geprägt. Derzeit sind z. B. noch viele Betreiber von Biogasanlagen auf Grund zu geringer Anlageneffizienz auf staatliche Förderung, wie z. B. im Rahmen des Erneuerbare-Energien-Gesetzes (EEG), angewiesen. Weiterhin sind ökologische Aspekte bezüglich der Nachhaltigkeit der Biogasgewinnung zu berücksichtigen. Deshalb müssen von den Betreibern immer komplexere Anforderungen erfüllt werden. Dies zeigt sich auch in dem aktuellen EU-Projekt „SUSTAINGAS“ zur „Förderung nachhaltiger Bio-Biogasproduktion im Ökolandbau“ [4]. Neben anderen Kriterien, wie der Treibhausgasbilanz, den Düngereffekten und dem Beitrag zum regionalen Energieangebot, ist der Effizienzgrad der Gasproduktion ein wesentliches Kriterium [5]. Um eine Anlage zur Erzeugung von Biogas wirtschaftlich und möglichst nahe am Effizienzoptimum betreiben zu können, ist bei der zu erzielenden maximalen Energieproduktion und Durchsatzleistung der energetische und stoffliche Aufwand zu minimieren (Eigenenergiebedarf, Eingangsstoffmenge) [6]. Zudem ist eine hohe Anlagenverfügbarkeit sicherzustellen und Betriebsstörungen und Havarien sind unbedingt zu vermeiden.

Diesen Umständen wird derzeit jedoch aufgrund der ungenügenden messtechnischen Instrumentierung und Untersuchung sowie der zum Teil rudimentären Prozessüberwachung in nur ungenügendem Maße Rechnung getragen [6], [7]. Daher befindet sich der überwiegende Anteil der derzeit betriebenen Biogasanlagen seitens der Automatisierungtechnik auf dem Niveau eines *Black-Box-Systems* [6]. Dies ist im Wesentlichen darin begründet, dass die Umgebungsbedingungen von Biogasfermentern eine große Herausforderung für die Instrumentierung darstellen. Die rauen chemischen und mechanischen Bedingungen in Form von mechanischen Schlägen durch das Rührwerk, Verstopfung, Abrasion, Korrosion und die Anhaftung von Biofilmen stellen hohe Anforderungen an die Robustheit der Instrumentierung [8]. Weiterhin wird die Zugänglichkeit der ablaufenden Prozesse durch die großen Behälterdimensionen und die geschlossene Bauweise der Fermenter erschwert. Die Installation von Kabeln und Sensoren ist meist nicht realisierbar oder unerwünscht. Oft sind die Temperatur und die produzierte Biogasmenge die einzigen kontinuierlich überwachten Parameter. Doch selbst bei der Temperaturmessung kann es durch die falsche Platzierung der Einzelsonde zu fehlerhaften Schlussfolgerungen kommen, weshalb eine verteilte Messung an mehreren Orten notwendig ist [7]. Viele entscheidende Parameter müssen regelmäßig von Hand erfasst werden und bedürfen aufwändiger Laboranalysen. Zudem erfolgen die Auslegung und der Betrieb von Biogasanlagen und insbesondere der Misch- und Rührtechnik bei einem großen Anteil des Anlagenbestandes anhand von Erfahrungswerten [9]. Speziell bei landwirtschaftlichen Anlagen besteht ein Mangel an Fachkenntnis für den Vergleich von Rührwerken und zur Bewertung von Rührergebnissen [10]. Weiterhin laufen viele Anlagen instabil und erfordern insbesondere bei einem Substratwechsel und jahreszeitlichen Schwankungen der Viskosität eine manuelle Anpassung der Rührwerkstechnik und einen hohen zeitlichen Aufwand bei der Anpassung des Betriebs [9]. Oft führt das gleichzeitige Auftreten der genannten Faktoren in Kombination mit der fehlenden messtechnischen Ausrüstung bzw. Überwachung zu Betriebsstörungen und sogar zum „Umkippen" von Fermentern und damit zu langen Produktionsausfällen.

Der energetische Aufwand ist durch den Eigenstromverbrauch der jeweiligen Biogasanlage messbar. Gemäß einer Studie des Solarenergiefördervereins Bayern e. V. von 2006 entfallen bei einem durchschnittlichen Eigenstrombedarf von 8,1% über 30% des Eigenstromverbrauches von Biogasanlagen auf die Misch- und Rührvorgänge [11], [12]. Die Effizienz der Misch- und Rührtechnik beeinflusst also entscheidend die Wirtschaftlichkeit der Anlage. Zudem hängen die komplexen biochemischen Prozessabläufe zur Umsetzung der zugegebenen Substrate in Bioreaktoren und insbesondere in Biogasfermentern in hohem Maße von den durch die Misch- und Rührorgane beeinflussten hydrodynamischen Bedingungen im Behälter ab [13], [14].

Ein noch höheres Potenzial liegt in der Optimierung der stofflichen Effizienz. Oft ist der Transport der frischen Substrate zu den Mikroorganismen in den verteilten Reaktionszonen unzureichend. Es wird davon ausgegangen, dass bei einem Großteil der in Deutschland laufenden landwirtschaftlichen Biogasanlagen durch ungenügende Durchmischung und vorhandene Totzonen bis zu 30% des Fermentervolumens ungenutzt sind [15]. Dadurch wird das Biogasbildungspotenzial der eingebrachten Substrate nicht ausreichend ausgenutzt und mit dem Gärrest ausgetragen. Eine verbesserte Mischtechnik führt hier zu einer deutlichen Wertsteigerung [16].

Aus den genannten Gründen wird der messtechnischen Untersuchung der *Mischvorgänge* und entscheidender *Mischparameter* sowie der Anpassung der Rührwerke an wechselnde Substratzusammensetzungen und die Behältergeometrie ein hohes Optimierungspotenzial zur Steigerung der Effizienz und damit der Wirtschaftlichkeit der Anlagen beigemessen [7], [10], [11], [12], [16], [17],

Ein zukunftsweisender Ansatz zur Untersuchung und Optimierung der hydrodynamischen und biochemischen Prozesse in laufenden Anlagen, aber auch zur optimierten Auslegung neuer Anlagen sind numerische Strömungsberechnungen. Durch simulationsbasierte Untersuchungen der Mischvorgänge können teure Messungen vermieden und optimierte Betriebsweisen und Anlagenkonfigurationen gefunden werden. Derzeit werden bereits CFD-Simulationen (Computational Fluid Dynamics) zur Abschätzung des Leistungseintrags, der Mischgüte und der Mischzeit für Biogasfermenter durchgeführt. Die derzeit vorhandenen Modelle bilden jedoch das nicht-NEWTONsche Fließverhalten der mehrphasigen Substrate nur sehr ungenau ab, sodass erhebliche Abweichungen der berechneten Ergebnisse von den tatsächlichen Verhältnissen im Fermenter auftreten. Bisher sind zu wenige Messdaten aus Großapparaten vorhanden, um die Fehlerquellen der Maßstabsübertragung zu identifizieren [18]. Dies ist damit begründet, dass die räumliche Erfassung der hydrodynamischen Bedingungen in Großbehältern mit Standardmessverfahren nicht oder nur eingeschränkt möglich ist [18].

Aktuelle Arbeiten zeigen, dass bereits im Labor- und Technikumsmaßstab grundlegende Zusammenhänge des Mischens in Biogasfermentern untersucht werden können, um sowohl bestehende als auch neue Mischstrategien bewerten und Teile der komplexen Prozessmodelle anpassen zu können [9], [19]. Die Erkenntnisse können jedoch nur bedingt direkt auf den Großmaßstab übertragen werden. Oft stimmen die Verhältnisse im Labor- oder Technikumsmaßstab nicht mit den Verhältnissen im realen Großfermenter überein, da die Größenverhältnisse einen Einfluss auf das Mischverhalten haben [16]. Daher sind maßstabsübergreifende Messungen unerlässlich.

Um das vorhandene Optimierungpotenzial der bestehenden Biogasanlagen und die Möglichkeiten der modellgestützten Prozesssimulation und -regelung ausschöpfen zu können, besteht deshalb seitens der Industrie und der Forschung ein großes Interesse an der Entwicklung innovativer Messtechnik zur

- Erfassung räumlich verteilter Parameter und fundierter, räumlich repräsentativer Messdatensätze,
- Untersuchung der Wechselwirkungen zwischen der Hydrodynamik und den komplexen biochemischen Prozessen,
- messtechnischen Validierung und Anpassung geeigneter Simulations- und Prozessmodelle als Basis für die modellgestütze Prozessimulation und Prozessregelung,
- maßstabsübergreifenden Untersuchung der Prozessabläufe vom Technikums- bis zum Großmaßstab,
- Erkennung von kritischen Prozesszuständen und Gewährleistung einer hohen Anlagenverfügbarkeit.

1.2 Messverfahren für Mischbehälter und Biogasfermenter

1.2.1 Instrumentierung von Biogasfermentern

Für die Überwachung von Prozessparametern und deren Einbindung in Steuerungs- und Regelungskonzepte an Biogasanlagen haben sich bestimmte Leitparameter etabliert. Für die Gasphase sind dies der Gasdruck, der Gasfüllstand sowie die Gaszusammensetzung (CH_4, H_2, H_2S, CO_2), und für die Substrate sind es die flüchtigen organische Fettsäuren (FOS), die Pufferkapazität bzw. die total alkalischen Carbonate (TAC), der pH-Wert, das Redoxpotenzial, die Leitfähigkeit, der Feststoffgehalt (TS/oTS), die Dichte, die Viskosität, die Temperatur sowie die Hydrodynamik im Fermenter [3],[6]. Die Parameter der Gasphase und einige Substratparameter, wie pH-Wert, Redoxpotenzial, Leitfähigkeit und Temperatur, können weitestgehend mit kommerziellen, echtzeitfähigen Sensoren überwacht werden. Damit ist bereits die Implementierung einfacher Prozessregelungsstrategien möglich. Die Daten der lokalen Einzelsonden sind jedoch nicht für den gesamten Prozessraum repräsentativ, sodass dennoch Instabilitäten im Anlagenbetrieb auftreten können. Eine Erfassung der räumlichen Verteilung dieser Parameter in Großanlagen ist aber mit den bestehenden Sensorsystemen mit einem vertretbaren Aufwand nicht umsetzbar.

Im Rahmen laufender Entwicklungen wurden erstmals echtzeitfähige Sensorkonzepte zur Erfassung biochemischer Schlüsselparameter vorgestellt. GÖLLER et al. haben einen echtzeitfähigen Sensor zur Bestimmung des TS/oTS-Gehaltes an lokalen Messstellen in Biogasfermentern entwickelt und bereits in der Praxis im Einsatz [20]. Das von BOE entwickelte Messsystem ermöglicht die schnelle Bestimmung des FOS-Gehaltes in Einzelproben aus Biogasanlagen [21]. Von SCHELTER et al. wurde ein Sensor zur Messung von Gelöst-H_2 in biogenen Medien entwickelt, welcher eine lokale Messwerterfassung möglich macht [22]. Bei allen diesen Systemen ist eine örtlich verteilte Parametererfassung jedoch noch nicht vorgesehen.

Bestrebungen hin zu einer Multipositionssensorik für Biogasanlagen zeigen sich in der Kooperationsarbeit des KSI Meinsberg und der TU Berlin. Von JUNNE et al. wurde zusammen mit dem KSI Meinsberg eine bewegliche Messlanze mit Mehrfachsensoren für pH-Wert, Redoxpotenzial und Temperatur, einer integrierten Funkübertragung und einer externen Stromversorgung entwickelt und an einem offenen Hydrolysebecken eingesetzt [23]. Durch die Funkübertragung wird eine dezentrale Datenauswertung in Echtzeit ermöglicht. Jedoch ist derzeit noch eine manuelle Positionierung der Messlanze nötig, um einen räumlichen Parametersatz erheben zu können.

Zur räumlichen Erfassung der Hydrodynamik an Großanlagen ist hingegen keine Standardsensorik vorhanden. Dies ist ein entscheidender Grund dafür, dass die Effizienz der Misch- und Rührorgane bisher nicht ausreichend untersucht und die Rührergebnisse nicht eindeutig bewertet werden konnten.

1.2.2 Erfassung der Hydrodynamik in Biogasfermentern

Die Hydrodynamik ist ein komplexes Parameterfeld. Sie umfasst das Strömungsprofil sowie die Verteilung der Strömungsgeschwindigkeit, die Feststoffverteilung, den Suspensionsgrad, die Mischzeit, die Mischgüte, vorhandene Stagnations- bzw. Totzonen, vorhandene Kurzschlussströmungen und die Rührwerkseffizienz. Die Charakterisierung der Hydrodynamik in Biogasfermentern steht im direkten Zusammenhang mit den Zielen des *Mischens* bzw. *Rührens* [17],[24]. Ein wesentliches Ziel ist die *Suspension* der Substratpartikel in der Flüssigphase für eine homogene Verteilung der Nährstoffe und eine optimale Versorgung der Mikroorganismen.

Weiterhin ist ein optimaler *Wärmetransport* von den Heizelementen zu den verteilten Reaktionsräumen mit dem Ziel einer homogenen Temperaturverteilung zu erreichen. Zudem sind sowohl *Schwimm-* und *Sinkschichten* als auch *Kurzschlußströme* und *Stagnations-* bzw. *Totzonen* durch eine geeignete Strömungsführung zu vermeiden. Außerdem dient das Mischen zum Ablösen von Gasblasen von den Substratflocken für einen beschleunigten *Gasaustrag*. Grundlegend ist eine schonende Durchmischung für kleinste Scherraten anzustreben, um eine minimale Beinflussung der *Symbiosen* zwischen den Bakterien (Aceto- und Methanogenese) zu erreichen.

Desweiteren sind die Hydrodynamik, das Mischverhalten im Behälter und der zum Erreichen des gewünschten Rührergebnisses nötige Leistungseintrag von dem verfügbaren Mischvolumen, der Anordnung der Zu- und Abläufe, der Beschickungs- bzw. Fütterungsregime (Maximierung des Durchsatzes), der Behältergeometrie und Einbauten, den Substrateigenschaften (Feststoff-, Flüssig- und Gasanteil; Dichte; Viskosität; Fließverhalten), der Konfiguration der Rührerorgane (mechanisch oder hydraulisch; Bauform; Anzahl; Anordnung) und dem Betrieb der Rührerorgane (Rührerdrehzahl bzw. Düsendurchsatz; kontinuierlich oder intermittierend) abhängig.

Bisher sind nur wenige messtechnische Ansätze zur Erfassung der Hydrodynamik in Großbehältern bekannt. Ein etabliertes Verfahren ist die Erfassung der Verweilzeitverteilung unter der Anwendung chemischer und biologischer Tracer. Bei diesem Verfahren wird der Konzentrationsverlauf des Tracers am Auslauf des Behälters nach der Zugabe eines Tracerpulses aufgezeichnet. Der gemessene Konzentrationsverlauf erlaubt die Bestimmung der Mindestverweilzeit, der Raumbelastung, des Totvolumens und des Kurzschlussanteils [3], [25]. Zudem ist eine Prozessidentifikation, basierend auf eindimensionalen Modellen, wie dem idealen Rührkesselmodell, möglich. Diesbezügliche Untersuchungen mit Lithiumtracern wurden von Capela et al. in einem 5000 m^3 anaeroben Fermenter [26] und von Olivet et al. in einem Bioreaktor zur Abwasseraufbereitung mit einem Volumen von 3970 m^3 [27] durchgeführt. Eine räumliche Zuordnung ist aufgrund der ausschließlich lokalen Messwerterfassung jedoch nicht möglich. Als chemischer Tracer wird häufig Lithiumhydroxid-Monohydrat (LiOH) verwendet, wofür es in Deutschland bereits ein standardisiertes Verfahren gibt [28].

Eine neue Entwicklung ist das von Deerberg et al. entwickelte Flügelradanemometer [29]. Dieses ermöglicht die lokale Erfassung radialer und tangentialer Strömungsgeschwindigkeiten selbst in sehr viskosen Biogassubstraten mit langen Fasern. Eine Limitation dieser Lösung ist die fehlende axiale Strömungskomponente, welche für die Bewertung der Suspensions- und Mischbedingungen wichtig ist. Zudem ist der Aufwand bei der wiederholten manuellen Positionierung dieser lokalen Sonde zur Erhebung von räumlichen Geschwindigkeitsprofilen sehr hoch.

Im Bereich der Forschung wird auch die Methode der Probennahme zur Parametererfassung an mehreren Position angewendet. Junne und Kielhorn haben mit einer Probennahmelanze (Durchmesser 45 mm) für Eindringtiefen von mehr als drei Metern und mit einem Probennahmevolumen von 100 ml radiale Gradienten des Feststoffgehaltes in einem Biogasfermenter nachgewiesen [23]. Die Lanze wird durch einen Kugelhahn in einem seitlichen Zugang in das Substrat eingeschoben. Ähnlich wie bei dem Flügelradanemometer ist der manuelle Aufwand für eine räumlich repräsentative Beprobung relativ groß. Die Untersuchungen haben gezeigt, dass entgegen bisherigen Annahmen Inhomogenitäten in den Biogasfermentern auftreten und deutlich messbar sind.

1.2.3 Erfassung der Hydrodynamik in Technikumsanlagen

Messverfahren für die räumliche Erfassung der hydrodynamischen Bedingungen sind derzeit ausschließlich für kleinere Behälter im Technikumsmaßstab vorhanden. Eine sinnvolle Unterteilung dieser Messverfahren erfolgt nach MAVROS in Einzelpunkttechniken und Ensembletechniken (Abbildung 1.1) [30].

Einzelpunkttechniken ermöglichen die Messung der Strömungsgeschwindigkeit oder einer Geschwindigkeitskomponente an einem festen Punkt. Zur Erfassung von Strömungsprofilen müssen die Messanordnungen traversiert werden. Neben den invasiven Messverfahren mit Pitot-Rohren und Hitze-Draht-Anemometern hat die nicht-invasive Laser-Doppler-Anemometrie (LDA) einen hohen Stellenwert erlangt [18], [31]. Zur Untersuchung partikelbehafteter Fluidsysteme ist der Einsatz der relativ jungen Phasen-Doppler-Anemometrie (PDA) möglich. Wesentliche Nachteile sind jedoch, dass das zu untersuchende Fluid optisch transparent sein muss und dass ein optischer Zugang zum Prozess notwendig ist. Die Ultraschall-Doppler-Anemometrie (UDA) ist grundlegend auch für trübe Flüssigkeiten geeignet. Hier liegt der Nachteil in der Beeinflussung des Messignals durch bewegte Teile, wie den Rührer. Leitfähigkeits- und Kapazitätssonden sind für die Erfassung von Mischzeiten und der Zirkulationszeit im Behälter geeignet [31]. Über die Zugabe einer Tracerflüssigkeit wird ein Konzentrationsgradient erzeugt, welcher mit den Sonden lokal aufgezeichnet wird. Die Räumliche Zuordnung von Geschwindigkeiten ist jedoch sehr begrenzt, da der mit den Sonden messbare Konzentrationsverlauf maßgeblich durch die grobballigen Strömungswirbel beeinflusst wird.

Ensemble-Techniken ermöglichen die Erfassung von Strömungsprofilen durch eine verteilte Messung an mehreren Punkten im Behältervolumen. Die optischen Techniken wie Videometrie, Thermografie, Particle-Image-Velozimetrie (PIV) und Laser-Induced-Fluorescence-Videometrie (LIF) sind trotz der Zugabe kleinster Partikel oder von Farbtracern quasi-nicht-invasive Techniken. Wie bei LDA besteht der Nachteil jedoch darin, dass keine trüben Medien und damit auch keine Biogassubstrate untersucht werden können. Dennoch wird Videometrie zur Untersuchung von Strömungsphänomenen in Modellen von Biogasfermentern eingesetzt. BREHMER et al. untersuchen mit der Methode des Farbumschlags den Einfluß der Rührwerkskonfiguration [9]. Der verwendete Behälter ist einem realen Biogasfermenter nachempfunden und hat ein Volumen von ca. 40 l. Als Flüssigkeit wird ein homogenes Modellfluid verwendet. Unter der Nutzung von Videometrie zur Beobachtung eines Farbtracers werden neben Strömungsprofilen auch Mischzeiten bestimmt. Die tomografischen Techniken bieten hier einen großen Vorteil. Die elektrische Tomografie, basierend auf Impedanz (EIT), Widerstands- (ERT) oder Kapazitätsmessung (ECT), wird bei der Untersuchung diverser Vermischungsphänomene in Rührbehältern und auch für trübe Medien mit hohen Feststoffgehalten im Labor- und Technikumsmaßstab eingesetzt. Deutschmann et al. nutzen die ERT zur Untersuchung des Mischverhaltens und axialer Strömungsprofile im Technikumsmaßstab [19]. Die ERT ermöglicht hier die Untersuchung sowohl von Modellfluiden als auch von realen Biogassubstraten.

Die Anwendung von Strömungsfolgern zur Untersuchung der Strömungsprofile in Rührbehältern geht auf die ersten Studien in Rührbehältern von BRYANT zurück [32]. Das Strömungsverhalten im Behälter wurde anfänglich anhand einer mitbewegten farbigen Kunststoffkugel (Durchmesser 0,004 m) oder einfachen Textilfasern visuell und später auch videometrisch analysiert [33], [34]. Die von BRYANT weiterentwickelte Technik waren RF-emittierende Partikel, die auch in trüben Medien eingesetzt werden konnten [32]. Diese Radio-Pillen bestehen aus einem batteriebetriebenen Schwingkreis (Sendefrequenz ca. 1 MHz), der in eine robuste Kapsel (Durchmesser 0,015...0,030 m) eingebracht ist. Über eine im Behälter platzierte Antenne kann das Passieren der Radio-Pille durch eine Behälterebene detektiert werden. Mit dieser Technik wurden von BRYANT Zirkulationszeiten und Zirkulationszeitverteilungen in Rührkesseln mit einphasigen Fluiden bei Viskositäten unter 1 Pa·s und auch in begasten Fluiden durchgeführt [32]. DAY hat diese Untersuchungen fortgeführt und basierend auf den mit einer Radio-Pille gemessenen Zirkulationszeitverteilungen Modellparameter, wie Zirkulationsbeiwert und Förderhöhe des Rührwerkes, abgeschätzt und damit die Rührwerke charakterisiert und weiterhin Vermischungsmodelle validiert [35]. MIDDLETON [36] und auch BARNEVELD et al. [37], [38] haben diese Technik für weiterführende Untersuchungen der Zirkulationszeitverteilungen in Rührbehältern mit Behältervolumina von bis zu 20 m^3 genutzt. Eine räumliche Erfassung des Strömungsprofiles war mit dem angewendeten Messprinzip jedoch nicht möglich. Der Einbau einer Antenne stellt zudem einen oft nicht vertretbaren technischen Aufwand dar. Die Antenne würde außerdem den hohen mechanischen Beanspruchungen in sehr viskosen und fasrigen Substraten nur begrenzte Zeit standhalten.

Eine im Bereich der Forschung angewendete Technik ist die Verfolgung von radioaktiven Partikeln. Hier sind Positron Emission Particle Tracking (PEPT) und Computer-assisted Radioactive Particle Tracking (CARPT) zu nennen [30]. Die von einem diskreten Partikel (Durchmesser 600…800 µm) emittierte Strahlung wird von außenliegenden, strahlungssensitiven Sensoren detektiert und daraus die aktuelle Position des Partikels bestimmt. Diese Techniken wurden von FANGARY et al. in Rührbehältern [39] und von LUO et al. in Blasensäulen bzw. Schleifenreaktoren [40] mit Behältervolumina von weniger als 50 l eingesetzt. Das Funktionsprinzip von PEPT und CARPT schließt jedoch den Einsatz dieser Techniken an Großbehältern aus. Zudem erschweren Anforderungen an den Strahlenschutz den industriellen Einsatz.

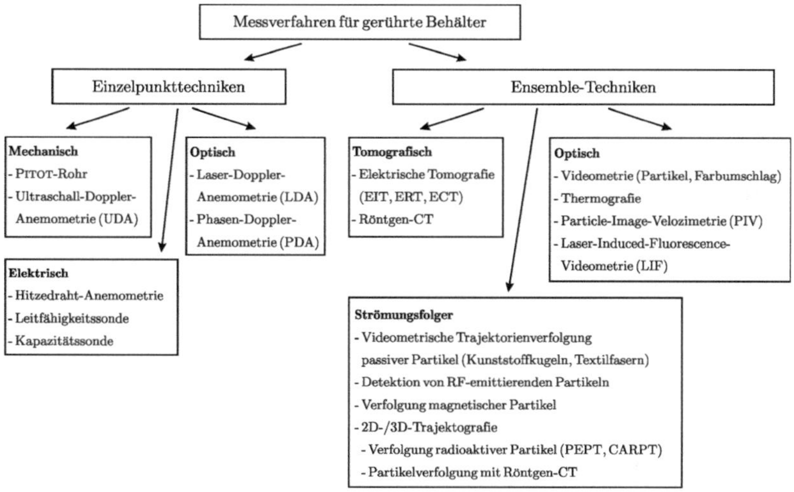

Abbildung 1.1: Übersicht der im Technikumsmaßstab verwendeten Messverfahren zur räumlichen Erfassung der Hydrodynamik (nach [30]).

1.3 Autonome Sensorik in Strömungsanwendungen

Der Einsatz autonomer Sensorsysteme zur Fernüberwachung in großen industriellen Produktionsanlagen und zur Untersuchung in großskaligen Strömungsanwendungen gewinnt durch die Limitationen der etablierten Messtechniken zunehmend an Bedeutung [41]. Die voranschreitende Miniaturisierung von Sensorelementen sowie der steigende Funktionsumfang und die Leistungsfähigkeit integrierter Schaltkreise ermöglichen den Aufbau multiparametrischer Mikrosysteme [42] (Abbildung 1.2). Damit können die Datenerfassung, Datenspeicherung und Datenkommunikation physikalischer, chemischer und biologischer Prozessparameter in kleinen und kompakten Systemen integriert werden [43]. Die zukunftsweisende Technologie energieautonomer und drahtlos kommunizierender Sensorelemente für den direkten Einsatz im Prozess wurde auch in die Roadmap „Prozessensoren 2005-2015“ aufgenommen [44].

Abbildung 1.2: Prognostizierte Entwicklung der Miniaturisierung integrierter Mikrosysteme aus der Sicht von 2004 (aus [42]).

Beispiele für den Einsatz autonomer Sensorsysteme in Strömungen finden sich bisher überwiegend außerhalb industrieller Anwendungen. Hier ist der Einsatz von Sensornetzwerken in der Ozeanografie zu nennen. Die Unterwasser-Anwendungen stellen an die Messsysteme ähnlich hohe Anforderungen wie die industriellen Anwendungen [45]. AKYILDIZ et al. nennen raue und aggressive Umgebungen, schlechte Übertragungskanäle und begrenzte Lokalisierungsmöglichkeiten als Hauptprobleme bei dem Einsatz der Sensorsysteme in Ozeanen, weshalb robuste Hard- und Softwarekomponenten erforderlich sind [46]. Zur Kommunikation in den wässrigen Medien werden überwiegend schallbasierte Techniken im niederfrequenten Bereich und vereinzelt optische Techniken angewendet. Ein Beispiel ist das von VASILESCU et al. entwickelte Unterwasser-Sensornetzwerk, welches statische Sensorknoten zur Datenerfassung und bewegliche Sensorknoten zum Sammeln der gemessenen Daten nutzt [47]. Von TRINCHERO et al. wurde ein schwimmender, drahtlos kommunizierender Sensor zur Leckerkennung in Rohrleitungen entwickelt und erfolgreich eingesetzt [48].

Weitere industrielle Anwendungen wurden von YORK et al. im Rahmen des Projektes „Actuated Acoustic Sensor Networks for Industrial Processes (AASN4IP)“ erschlossen [49]. Für die Erkundung unstrukturierter und räumlich begrenzter Umgebungen, wie nuklearen Rest- und Abklingbehältern, wurde ein autonomes Sensornetzwerk entwickelt [50],[51]. Dieses besteht aus mehreren autarken Sensorknoten, sogenannten Micro-actuated Underwater Vehicles (µAUV) mit Durchmessern von weniger als 0,2 m (Abbildung 1.3), und ortsfesten, drahtgebundenen Übertragern. Die Sensorknoten bilden ein mobiles Ad-hoc-Netzwerk und kommunizieren akustisch untereinander und über die Übertrager auch mit einer externen Basisstation. Über ein Lokalisierungsystem, welches Multilaterationsmethoden zur Entfernungsbestimmung nutzt, wird die Position der µAUV erfasst. Weiterhin können die µAUV über ein integriertes Lageerfassungs- und Antriebssystem im Behälter eigenständig navigieren. Die Erfahrungen dieser Arbeiten zeigen, dass die Lokalisierung und Kommunikation in nassen, industriellen

Prozessumgebungen großer Anlagen auf Grund der hohen Dämpfungskoeffizienten von Flüssigkeiten nur mit akustischen Signalen realisierbar sind. Weitere Probleme bei der akustischen Signalübertragung in geschlossenen Behältern mit Flüssigkeiten sind Mehrwegeausbreitung (Multipath Fading), Reflektionen, Schmalbandstörungen (Channel Fading) und Rauschen. Mit der Nutzung von Frequenzspreizverfahren wird versucht, diese Probleme zu unterdrücken. Bei der Anwendung in mehrphasigen Strömungen kommen diese Methoden jedoch auch an ihre Grenzen.

In der Arbeitsgruppe von YORK wird auch die Problematik der akustischen Lokalisierung und Signalübertragung mit instrumentierten Strömungsfolgern in verfahrenstechnischen Anlagen, wie gerührten Behältern, bearbeitet [52], [53].

Ein weiteres Beispiel für den Einsatz eines autonomen Sensorsystems in industriellen Anlagen ist die von WADKE et al. entwickelte "Smart Sphere" [54], [55]. Dieses Sensorpartikel verfügt über Druck- und Temperaturmessfühler und einen internen Speicher und hat einen Durchmesser von 25 mm bei einem Gewicht von 12 g. Über eine Infrarot-Schnittstelle können die Daten nach der Rückgewinnung drahtlos übertragen werden. Das Sensorpartikel wurde in einem Trommelbehälter, einem Windkanal und einer vertikalen Wassersäule getestet. Das Sensorkonzept ist für kurzzeitige Anwendungen mit geringen mechanischen und chemischen Beanspruchungen geeignet.

Abbildung 1.3: Prototyp des von YORK et al. entwickelten µAUV (aus [49]).

DENG et al. haben einen schwimmfähigen Sensorfisch für die Charakterisierung der physischen Beanspruchung von Fischen bei dem Passieren komplexer hydraulischer Systeme, wie von Staudämmen und Turbinen, entwickelt [56]. Das Sensorsystem ist mit Messfühlern für Druck, Beschleunigung und Drehrate ausgestattet und auf Laufzeiten von wenigen Minuten ausgerichtet. Der Durchmesser beträgt ca. 25 mm, die Länge ca. 90 mm und das Gewicht ca. 42 g. Der Sensorfisch wurde direkt in den Lauf der Turbinen von Staudämmen eingegeben. Auf dem Weg durch die Turbine hat die integrierte Elektronik die Daten der Messfühler mit einer Messrate von 2 kHz aufgezeichnet. Anhand der Daten konnten die Druckstöße von mehr als 200 kPa und die Schläge durch die Turbinen mit Beschleunigungen von mehr als 150 g ausgewertet werden. Zudem konnte die Position im Hydrauliksystem anhand der Eintauchtiefe abgeschätzt werden [57]. Der Sensorfisch verfügt außerdem über einen aufblasbaren Ballon, der durch einen chemischen Zeitzünder mit einer Totzeit von wenigen Minuten mit Gas gefüllt wird. Auf diese Weise erfolgt das Aufschwimmen zur vereinfachten manuellen Rückgewinnung des Sensorfisches im Nachlauf des Staudammes.

Eine weitere Perspektive autonomer Sensoren ist die Anwendung im Rahmen der Steuerung und Regelung von verfahrenstechnischen Prozessen. Die von Winkler durchgeführte Studie zeigt die Möglichkeiten der dezentralen Erfassung räumlich verteilter Prozessparameter mittels mitbewegter autonomer Sensoren für die Steuerung und Regelung [58]. Zur Realisierung solcher geschlossenen Automatisierungslösungen für strömungstechnische Anwendungen besteht jedoch noch ein hoher FuE-Bedarf im Hinblick auf die Kommunikation, die Lokalisierung und die mechanische Stabilität instrumentierter Strömungsfolger.

1.4 Zielsetzung

Ziel dieser Arbeit ist die Entwicklung und die Untersuchung eines autonomen Sensorkonzeptes, welches die Erfassung räumlich verteilter Prozessparameter in Mischbehältern, wie z. B. Bioreaktoren, Biogasfermentern und Belebtschlammbecken, ermöglicht. Als Referenzanwendung der Sensorpartikel werden in dieser Arbeit gerührte Fermenter und Biogasanlagen im Technikums- und Großmaßstab betrachtet. Die für Biogasfermenter interessierenden Zielgrößen zur Charakterisierung der Großraumströmungen in den gerührten Substraten und zur Bewertung der Rührwerks- und Heizeffizienz sind:

- *Hydrodynamik* im Behälter (Strömungsprofil, Strömungsgeschwindigkeit, Verteilung von Tot- und Kurzschlusszonen)
- *Mischverhalten* (Zirkulationszeit, Mischzeit, Feststoffverteilung)
- *Wärmeübergang* (Temperaturverteilung im Behälter)

Der Stand von Wissenschaft und Technik auf dem Gebiet autonomer Sensorik (Abschnitt 1.3) zeigt das Potenzial von Strömungsfolgern zur Untersuchung von Strömungsphänomenen und verfahrenstechnischen Prozessen in schwer zugänglichen und rauen Prozessumgebungen. Bei der Umsetzung des Sensorkonzeptes werden deshalb die Strömungseigenschaften passiver Strömungsfolger mit der Messtechnik autonomer Sensoren in einem instrumentierten Strömungsfolger (Sensorpartikel) vereint. Das Auftriebs- und Strömungsfolgeverhalten des Sensorpartikels ist dabei ein zentrales Thema. Im direkten Zusammenhang dazu stehen die Anpassung von Größe, Form und Gewicht des Sensorpartikels. Außerdem gilt es eine hohe Beständigkeit des Sensorpartikels gegenüber den hohen mechanischen und chemischen Belastungen in

Biogasfermentern durch die Schläge von Rührwerksblättern und das saure Fermentationsmilieu zu erreichen.

In Bezug auf die Anwendung in Biogasfermentern ist bereits durch die Erfassung einfacher, physikalischer Basisparameter ein hoher Erkenntnisgewinn bzgl. Hydrodynamik, Mischverhalten und Wärmetransport zu erwarten. Daher werden als Basisparameter für das Sensorkonzept *Temperatur*, Eintauchtiefe bzw. *vertikale Position* als Funktion des hydrostatischen Drucks und *3D-Beschleunigung* erachtet. Eine wesentliche Aufgabe sind dabei die Implementierung und der Test von Auswertealgorithmen zur Bestimmung entscheidender Modellparameter sowie zur Extraktion von räumlichen Parameterprofilen.

Ein Szenarium zur Optimierung mit den eingesetzten Sensorpartikeln ist z. B. die Detektion von Totzonen oder Schwimmschichten an einer Biogasanlage unter üblichen Betriebsbedingungen. Aus der erfassten Position der ungenügend durchmischten Zonen im Behälter lassen sich dann verbesserte Betriebsweisen der Rührwerke, Rührwerkskonfigurationen oder Fütterungsregime ableiten. Die Wirkung umgesetzter Maßnahmen auf die Vermischung im Behälter kann mit dem erneuten Einsatz der Sensorpartikel nachgewiesen werden. Der Erfolg der Optimierung ist dann anhand eines erhöhten Gasertrages, eines reduzierten Energieverbrauches und eines stabileren Betriebs des Fermentationsprozesses messbar.

Ein wichtiges Kriterium beim Einsatz der Sensorpartikel in einem Biogasfermenter ist der unterbrechungs- und störungsfreie Anlagenbetrieb. Bei der Anwendung der Sensorpartikel wird deshalb folgendes Szenarium betrachtet (Abbildung 1.4):

1. Nach der *Zugabe* werden die Sensorpartikel zusammen mit den Substraten durch die Strömungen im Fermenter verteilt. Sie bewegen sich auf Grund der auftriebsneutralen Eigenschaft frei mit den vorherrschenden Strömungen im Fermenter.
2. Während der *Verweilzeit* der Sensorpartikel im Fermenter messen sie kontinuierlich die zeitlichen Verläufe der ausgewählten Prozessparameter. Die Messdaten werden in den integrierten Speicher geschrieben.
3. Bei dem gemeinsamen Austrag der Sensorpartikel mit den Substraten aus dem Fermenter erfolgt die *Rückgewinnung* der Sensorpartikel durch einen mechanischen Filter.
4. Das Auslesen und die *Auswertung* der gespeicherten Datensätze erfolgen nach der Rückgewinnung der Sensorpartikel. Nach einer Revision können die Sensorpartikel wieder verwendet werden.

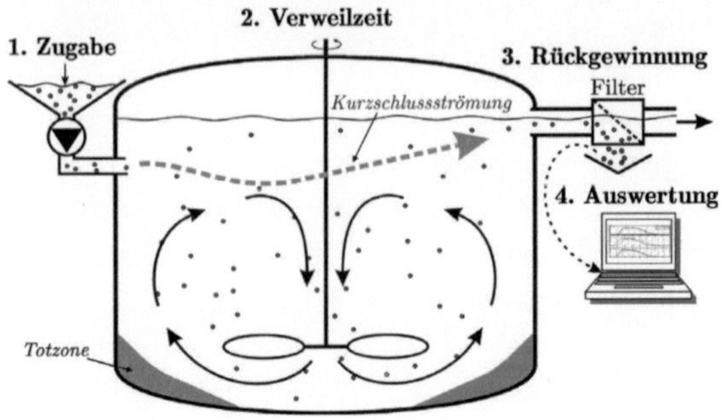

Abbildung 1.4: Szenarium der Anwendung der Sensorpartikel in einem gerührten Fermenter (Biogasfermenter).

Vor dem Einsatz der Sensorpartikel an produzierenden Biogasanlagen steht im Rahmen dieser Arbeit jedoch die experimentelle Validierung der entwickelten Sensorpartikel in Technikumsanlagen. Hierbei können die Sensorpartikel unter realistischen Strömungsbedingungen mit einem deutlich geringeren Aufwand getestet werden. Zudem ermöglicht dies die Validierung der Sensorpartikel unter der Nutzung von Referenzmesstechnik, wie z. B. Leitfähigkeitssonden. Für einphasige Strömungsversuche mit NEWTONschen Flüssigkeiten unterschiedler Dichte und Viskosität steht ein Rührbehälter (Volumen ca. 1400 l) am Helmholtz-Zentrum Dresden-Rossendorf (HZDR) zur Verfügung. Für Versuche unter realen Bedingungen eines Biogasfermenters mit nicht-NEWTONschen Substraten finden zwei Technikumsfermenter des Fraunhofer-Instituts für Keramische Technologien und Systeme (IKTS) Dresden Anwendung. Eine Abschätzung der Möglichkeiten solcher Sensorpartikel in großen Fermentern erfolgt basierend auf den im Technikumsmaßstab erzielten Ergebnissen.

2 Grundlagen der Strömungsdynamik

In diesem Kapitel werden die relevanten Grundlagen der Hydrodynamik in Rührbehältern und der Charakterisierung des Strömungsverhaltens von Strömungsfolgern behandelt.

2.1 Hydrodynamik und Parameter von Rührwerksströmungen

2.1.1 Aufbau von Rührbehältern

Der Aufbau und die Auslegung von gerührten Behältern werden von den *Stoffwerten*, wie der Viskosität und der Dichtedifferenz zwischen den Phasen, von den *Betriebsbedingungen*, wie dem Druck, der Temperatur und der Prozessführung (kontinuierlich oder diskontinuierlich), von dem *Prozessvolumen* von typischerweise $1...2{\cdot}10^7$ l, von der *Rührintensität* von typischerweise $5{\cdot}10^{-3}...6$ W·kg^{-1} und von der Anzahl der beteiligten *Phasen*, wie der Flüssig-, der Feststoff- und der Gasphase, bestimmt [59]. Für den Technikums- und den Großmaßstab ergibt sich daher ein unterschiedlicher Aufbau der Rührbehälter. Rührbehälter im Labor- und Technikumsmaßstab bestehen typischerweise aus einem Behälter, bewehrenden Einbauten, wie Stromstörern und Leitrohren, und einem Rührwerk (Abbildung 2.1).

Bei Großbehältern mit $d_1 > 3$ m und $V_B > 50$ m^3 und insbesondere bei Biogasfermentern mit höherviskosem Fluid ist aufgrund der Behälterdimensionen und aus energetischer Sicht (hohe Anlaufmomente, Biegemomente) die für kompaktere Anlagen übliche Behälterkonfiguration mit einem Zentralrührwerk meist nicht umsetzbar. In Großbehältern und besonders in Biogasfermentern kommen daher individuelle Rühreranordnungen und alternative Mischorgane zum Einsatz. Typische Anlagen besitzen eine Kombination aus einem schnelllaufenden Propellerrührwerk und einem langsamlaufenden Großraumrührwerk (Abbildung 2.2). Die Heizrohre sind oft innen an der isolierten Behälterwand befestigt. Die Substratzufuhr erfolgt über eine Förderschnecke von außen. Der Substrataustrag erfolgt entweder wie in Abbildung 2.2 durch freie Abläufe oder durch Pumpen am Boden. Das ausgetragende Biogas wird im Gasraum oberhalb des Flüssigkeitsspiegels gesammelt.

Schwenk- und höhenverstellbare Tauchmotor-Propellerrührwerke (Abbildung 2.3) haben den Vorteil, dass sie flexibel an die veränderlichen Bedingungen im Behälter angepasst werden können. Um eine ausreichende Weitenwirkung zu erzielen, müssen die bisher etablierten Modelle mit kleinem Durchmesser jedoch sehr schnell laufen ($d_2 \approx 0{,}5...0{,}8$ m; $n \approx 500...1000$ min^{-1}). Zum einen ist dafür ein sehr hoher

Leistungsaufwand nötig und zum anderen treten sehr hohe Scherraten auf, welche die Symbiosen der Mikroorganismen beeinflüssen können. Großblättrige Rührwerke ermöglichen eine effizientere Durchmischung, wobei sogar geringere Rührerdrehzahlen ausreichen ($d_2 \approx 1...2{,}5$ m; $n \approx 50...200$ min^{-1}).

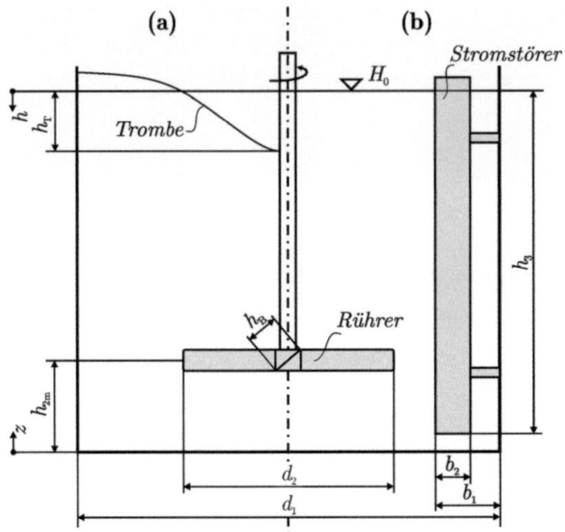

Abbildung 2.1: Wesentliche Abmessungen eines Rührbehälters im Technikumsmaßstab (a) im unbewehrten Fall und (b) mit Bewehrung durch Wandstromstörer (h Höhe im Behälter, H_0 Füllhöhe, z axiale Koordinate, d_1 Behälterdurchmesser, d_2 Rührerdurchmesser, h_{2m} Rührereinbauhöhe über dem Boden, h_B Rührerblatthöhe, h_T Trombentiefe, b_1 die Einbaubreite, b_2 die Stromstörerbreite, h_3 effektive Einbauhöhe).

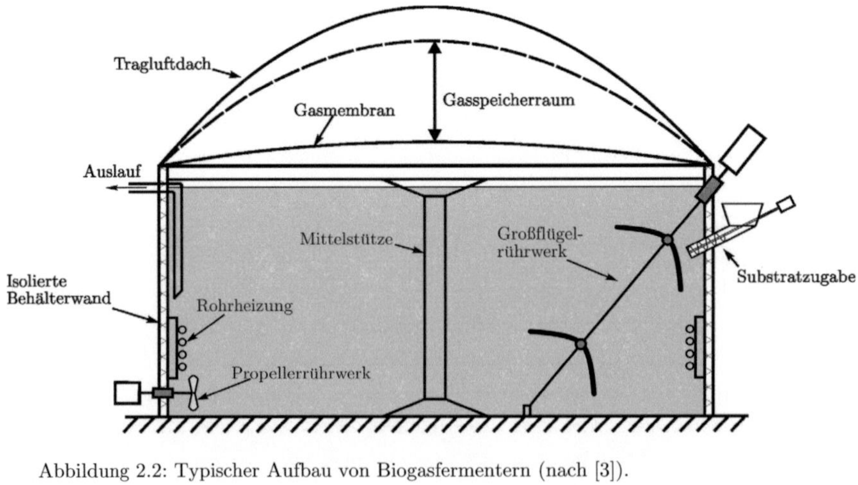

Abbildung 2.2: Typischer Aufbau von Biogasfermentern (nach [3]).

(a) (b)

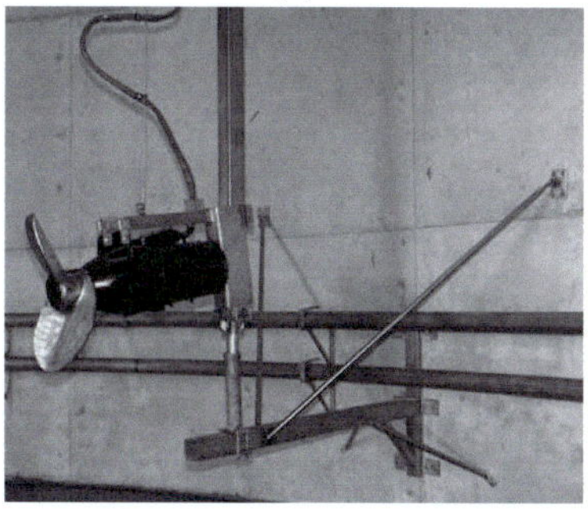

Abbildung 2.3: (a) Schwenk- und höhenverstellbares Tauchmotor-Propellerrührwerk (aus [60]) und (b) langsamlaufendes Tauchmotor-Propellerrührwerk mit großem Durchmesser (aus [61]).

Langachsrührwerke bieten gegenüber den Tauchmotorrührwerken den Vorteil, dass der Antriebsmotor außenliegend ist und die Wartung erleichtert wird (Abbildung 2.4). Auf Grund der stationären Installation kann es jedoch bei einer ungünstigen Auslegung zu einer unvollständigen Durchmischung kommen. Großblättrige Langachsrührwerke werden typischerweise auch als Langsamläufer betrieben ($d_2 \approx$ 0,7...2,5 m; $n \approx$ 10...50 min^{-1}).

(a) (b)

Abbildung 2.4: Langachsrührwerke (a) ohne Lagerung (aus [62]) und (b) mit Lagerung am Fermenterboden (aus [3]).

Eine besonders schonende und gleichzeitig großräumige Durchmischung kann mit Axial- und Paddelrührwerken erzielt werden (Abbildung 2.5). Die Rührwerke haben typischerweise sehr große Durchmesser und werden nur sehr langsam bewegt ($d_2 \approx$ 3...5 m; $n \approx$ 5...20 min^{-1}). Insbesondere Paddelrührwerke bieten den Vorteil, dass zumindest im unmittelbaren Wirkbereich der Rührerblätter auftretende Deck- und Schwimmschichten aufgebrochen und das Substrat wieder resuspendiert wird.

Die hydraulische Vermischung ist eine eher selten angewandte Variante. Über Pumpen wird Substrat aus dem Fermenter abgesaugt und über Düsen eingebracht (Abbildung 2.6).

Abbildung 2.5: (a) Dezentral angeordnetes Axialrührwerk (aus [60]) und (b) Paddelrührwerk (aus [3]).

Abbildung 2.6: Düsenrührgerät zum Impulseintrag über rückgeführtes Biogassubstrat (aus [60]).

2.1.2 Strömungsformen in Rührbehältern

Einen wesentlichen Einfluss auf die Strömungsform und den Turbulenzgrad haben die Förderrichtung und die Bauform des verwendeten Rührers (Tabelle 2.1). Eine grobe Einteilung der Rührprozesse und eine Festlegung der makroskopischen Strömung erfolgt anhand der REYNOLDS-Zahl, worin das Fließverhalten bzw. die Viskosität des am Prozess beteiligten Fluids berücksichtigt wird (*Re*-Werte aus Tabelle 2.1) [59], [63]. Eine *vollturbulente* Strömung liegt bei $Re > Re_{vt} \approx 0{,}2 \cdot 10^5 ... 5{,}0 \cdot 10^5$ und niedrigen

Viskositäten im Bereich $\mu_f < 2...40$ mPa·s vor. Die Grenz-REYNOLDS-Zahlen sind dabei für die Rührertypen im rührernahen und rührerfernen Bereich zu unterscheiden (Tabelle 2.1). In dieser Strömungsform gibt es keinen Einfluss der REYNOLDS-Zahl auf Kennzahlen, welche die makroskopische Strömung und Effekte der Makroturbulenz beschreiben. Eine *turbulente* Strömung liegt bei $Re = Re_{sb}...Re_{vt}$ ($Re_{sb} \approx 250...5000$) und höher viskosen Medien mit $\mu_f = 2 \cdot 10^{-3}...5$ Pa·s vor. Die Turbulenz ist nicht voll ausgebildet. Oberhalb Re_{sb} ist der Zustand der *Selbstbewehrung* noch nicht erreicht. Die Kennzahlen der Makroströmung werden zunehmend von der REYNOLDS-Zahl beeinflusst. Im Bereich $Re = Re_{St}...Re_{sb}$ ($Re_{st} \approx 10$) und hohen Viskositäten ab $\mu_f > 0{,}5...5{,}0$ Pa·s liegt eine überwiegend *laminare* Strömung vor. Der Zustand der *Selbstbewehrung* ist erreicht und es können laminare Störströmungen auftreten. Die kritische REYNOLDS-Zahl $Re_{krit} \approx 40...1000$ markiert den Umschlagspunkt zwischen *laminarer* und *turbulenter* Strömung. Für $Re < Re_{krit}$ können bei ungünstigen Rührwerkskonfigurationen im Behälter Zonen mit behindertem Stoffaustausch und Veränderungen im Strömungsfeld auftreten. Eine *schleichende* Strömung liegt im STOKES-Bereich bei $Re < Re_{St} \approx 10$ bei hochviskosen Fluiden mit $\mu_f > 10...100$ Pa·s vor. Trägheitskräfte verlieren in diesem Bereich gegenüber Reibungs- und Druckkräften an Bedeutung.

Tabelle 2.1: Charakterisierung ausgewählter Rührertypen nach Einsatzgebiet, Strömungsform, Rührerumfangsgeschwindigkeit und Grenz-REYNOLDS-Zahlen (aus [59], [63]) (vb vollbewehrt; ub unbewehrt; v_u Rührerumfangsgeschwindigkeit; Re_{St} STOKES-Bereich bzw. schleichende Strömung; Re_{sb} Selbstbewehrung; Re_{sb} Umschlagpunkt laminar-turbulent; $Re_{vt,nah}$ vollturbulent rührernah; $Re_{vt,fern}$ vollturbulent rührerfern).

Rührer	**Einsatzgebiet**	**Strömungsform**	v_u	Re_{krit} Re_{sb} Re_{St}	$Re_{vt,nah}$ $Re_{vt,fern}$
			m·s^{-1}	-	-
Scheiben (vb, zentrisch)	Mischen, schnelle Reaktionen, Dispergieren, Begasen	radial, intensive Turbulenz, ein- und mehrstufig	2...10	40...100 250 10	$2 \cdot 10^4$ $5 \cdot 10^5$
Propeller (vb oder ub)	Umwälzen, Mischen, Suspendieren, Wärmeübergang	axial, intensive und effektive Umwälzung	3...15	800 1000 -	$3 \cdot 10^4$ $5 \cdot 10^5$
Schrägblatt (vb oder ub, exzentrisch)	Mischen, Suspendieren, Dispergieren, Begasen	axial, intensive Turbulenz, ein- und mehrstufig	2...10	500...1000 700 10	$2{,}5 \cdot 10^4$ $4 \cdot 10^5$
Propeller (seitlicher Einbau, ub)	Umwälzen, Mischen, Aufwirbeln in Großbehältern	horizontale Förderung, gute Zirkulation	6...15	1000 >5000 -	$3 \cdot 10^4$ -

In Behältern mit kleineren Füllvolumina ($V_B < 50$ m^3) und einer mittig eingebauten, vertikalen Rührerwelle werden überwiegend radial- und axialfördernde Rührer eingesetzt (Abbildung 2.7). Radialfördernde Rührer erzeugen einen radialen

Impulsstrom und einen radialen Rührerstrahl. Nach dem Auftreffen des Rührerstrahls auf die Wand wird der Impulsstrom aufgeteilt. Es entstehen dabei zwei Rezirkulationsgebiete [59]. Axialfördernde Rührer werden hauptsächlich in abwärtsfördernder Richtung betrieben. Dabei entsteht ein axialer Rührerstrahl, der am Boden zuerst radial und in Wandnähe axial umgelenkt wird [59]. Im turbulenten Strömungsbereich wird in bewehrten Behältern eine großräumige Zirkulationsströmung erzeugt. Die wandnahe Aufwärtsströmung ist insbesondere im Luvbereich der Stromstörer intensiv [63]. Die Zirkualtionsströmung ist turbulent und umfasst große Teile des Behältervolumens. Das Zentrum der Zirkulationsströmung befindet sich axial in der Nähe zur Rührwerksebene. Aufgrund der Behälterabmessungen ist in Großbehältern der Einsatz von Zentralrührwerken nicht sinnvoll. Daher werden oft im Behältermantel schräg eingebaute Axialrührwerke oder Düsen verwendet (Abbildung 2.7). Damit wird ein gebündelter Rührerstrahl erzeugt, welcher eine Weitenwirkung und den Aufbau einer großräumigen Zirkulationsströmung erzielen soll [59]. Zur Vermischung von Schichten unterschiedlicher Dichte kommen zusätzlich auch exzentrisch angeordnete, großräumige Rührwerke zum Einsatz.

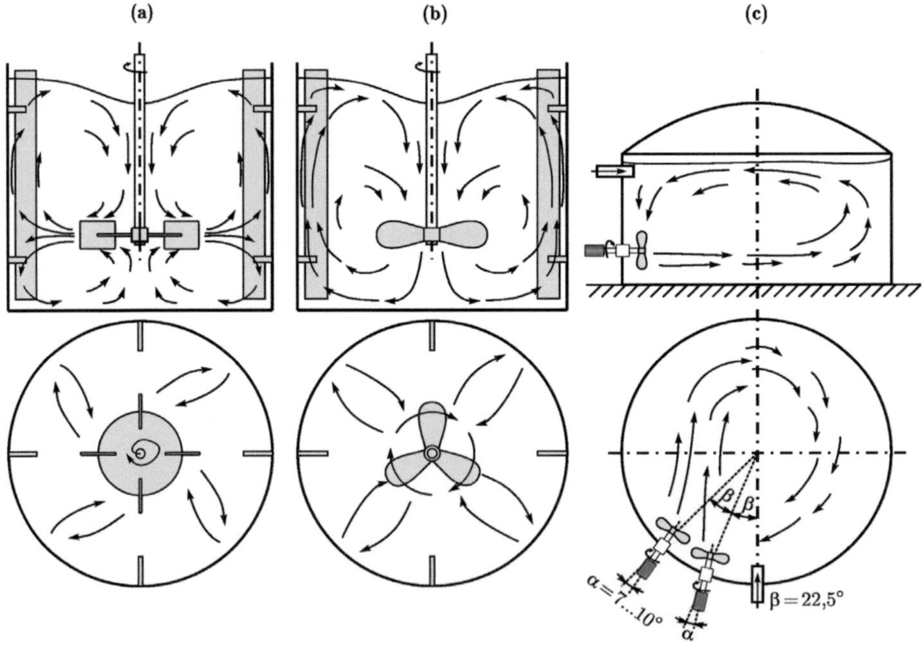

Abbildung 2.7: Typische Strömungsformen in Rührkesseln mit Wandstromstörern mit (a) radial und (b) axial fördernden Rührern (nach [4]) sowie (c) Strömungsform im Großbehälter mit seitlich eingebauten Propellerrührern (nach [64]).

Neben den Rührern hat die Behältergeometrie einen Einfluss auf die Strömungsbedingungen. Kleinere Behälter ($V_B < 50$ m^3) können mit gewölbten Böden und Schlankheitsgraden $H_0/d_1 \approx 1$ ausgeführt werden, um günstige hydrodynamische Bedingungen zu schaffen [63]. Dies ist bei Großbehältern oft aus bautechnischen Gründen nicht realisierbar, sodass Behälter mit $d_1 > 4$ m vorwiegend mit ebenen Böden oder Kegelstumpfböden ausgeführt werden. Zudem werden aus bautechnischen Gründen flache Formen ($H_0/d_1 = 0{,}5...0{,}8$) bevorzugt [63]. Diese Geometrien sind jedoch gegenüber größeren H_0/d_1-Verhältnissen nachteilig für die Hydrodynamik.

Weiterhin dienen bewehrende Einbauten zur Strömungsbeeinflussung. Der Bewehrungsgrad eines ausschließlich mit Wandstromstörern bewehrten Behälters wird über die Bewehrungs-Zahl

$$BW = \frac{N_s^{0,8} \cdot b_1 \cdot h_3}{d_1^2} \tag{2.1}$$

bestimmt [59]. Darin sind N_s die Anzahl der Stromstörer, b_1 die Einbaubreite, h_3 die effektive Einbauhöhe und d_1 der Behälterdurchmesser (Abbildung 2.1). Der Zustand der *Vollbewehrung* wird ab

$$BW > BW_{vb} \approx 0,36 \cdot \frac{d_2}{d_1} Ne^{1/3} \tag{2.2}$$

erreicht [59] ($h_{2m}/d_1 \approx 0{,}3$; $H_0/d_1 \approx 1$; $d_2/d_1 = 0{,}25...0{,}53$; $N_s = 2...4$). In diesem Zustand erreichen die Rührer eine sehr hohe Effektivität. Bei turbulenten Rührerströmungen mit $Re > Re_{sb}$ werden bewehrende Einbauten, wie Wandstromstörer und Leitrohre, bevorzugt. Gegenüber dem unbewehrten Fall werden durch Stromstörer tangentiale Strömungen in meridionaler Richtung umgelenkt und tragen somit zur Ausbildung einer großräumigen Zirkulationsströmung bei. Zudem wird die Entstehung von Tromben unterbunden. Das Absaugen aufschwimmender Schichten oder Partikel erfolgt durch Oberflächenturbulenzen [59]. Im Falle von laminaren Strömungen mit $Re < Re_{sb}$ bzw. höherviskosen Fluiden und geringen Rührintensitäten sind Einbauten nicht notwendig. Hier tritt durch das träge Fließverhalten der Fluide eine Selbstbewehrung ein. Dies trifft insbesondere für Biogasfermenter zu. Einbauten sind oftmals nicht erwünscht, um Verkrustungen zu vermeiden oder eine bessere Reinigung bzw. Sterilisation zu ermöglichen.

2.1.3 Makro- und Mikrobereich eines Mischprozesses

In turbulenten Mischprozessen unterscheidet man zwischen Makro- und Mikroturbulenzen (Abbildung 2.8). An den Rührerblättern und den Stromstörern werden die anisotropen, energiereichen Primärwirbel erzeugt. Als charakteristisches Maß dient der Makromaßstab $\Lambda > d_2$. Die Großraumwirbel tragen den größten Anteil der Energie. Die Verteilung der Energie in den Großraumwirbeln ist anisotrop und stark vom Rührwerk abhängig. Diese großen Wirbel zerfallen kaskadenartig und geben ihre kinetische Energie an immer kleinere Wirbel ab. Durch die Wirkung von viskosen Reibungskräften dissipiert die kinetische Energie innerhalb der kleinsten Wirbel letztlich in thermische Energie. Diese dissipativen Wirbel werden mit dem Mikromaß nach KOLMOGOROV gemäß

$$\lambda_K = \left(\frac{\nu^3}{\varepsilon} \right)^{\frac{1}{4}} \tag{2.3}$$

beschrieben, wobei von lokaler isotroper Turbulenz ausgegangen wird [65]. Darin sind ν die kinematische Viskosität des Fluids und ε die mittlere Dissipationsrate (eingetragene Energiemenge pro Masseneinheit). Als Zeitmaß wird die KOLMOGOROV-Zeitskale verwendet

$$\tau_K = \left(\frac{\nu}{\varepsilon} \right)^{\frac{1}{2}}. \tag{2.4}$$

Damit ergibt sich eine Verteilung der Energie in Abhängigkeit von der Größe λ der Wirbel bzw. der Wellenzahl λ^{-1}, wobei der überwiegende Teil der Energie von den Wirbeln mittlerer Größe getragen wird (Abbildung 2.8).

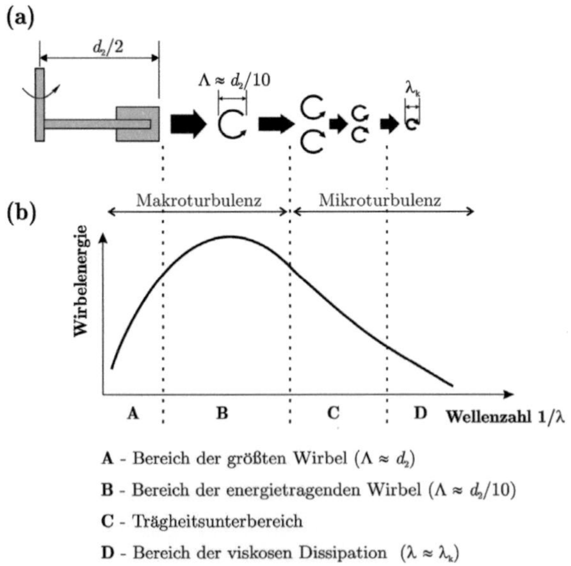

Abbildung 2.8: (a) Wirbelkaskade am Beispiel eines radialfördernden Rührers (nach [18] und [66]) und (b) Energiespektrum turbulenter Strömungen als Funktion der Wellenzahl (nach [67] und [68]).

Man unterscheidet basierend auf den Vorgängen auf der Makro- und Mikroskale eines Mischprozesses in *Makromischen* und *Mikromischen* [67] (Abbildung 2.9). Das Makromischen umfasst die Wirkung der Großraumströmung, wie z. B. der raumerfassenden Zirkulationsströme. Durch die Großraumströmung werden die in einen Prozess zugegebenen Substanzen makroskopisch über das Prozessvolumen verteilt. Hingegen sind die molekularen Diffusionsvorgänge auf der KOLMOGOROV-Skale, welche den Konzentrationsausgleich innerhalb der kleinsten Wirbel bewirken, Bestandteil des Mikromischens. Die Betrachtung der Skalen der Mikrovermischung ist für die Charakterisierung des diffusiven Stoffaustausches, wie dem Gas-Flüssigkeits-Stoffaustausch, und zur Bewertung des Gas-/Flüssigkeitsvolumenanteils (Hold-up) erforderlich [13].

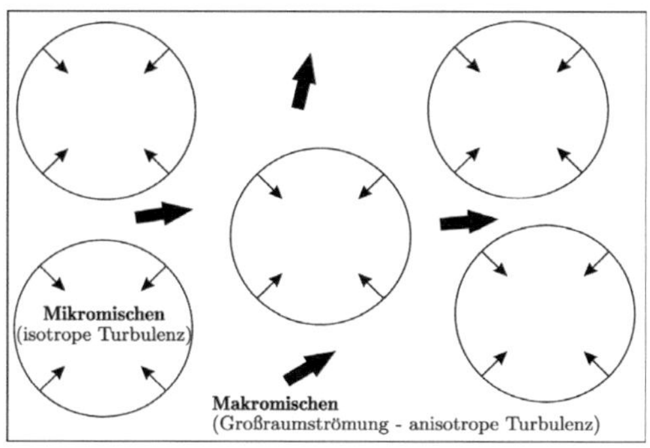

Abbildung 2.9: Modellvorstellung des Makro- und Mikromischens (nach [67]).

2.1.4 Kennzahlen des Homogenisierens

a. Zirkulationsströmung und Zirkulationszeitverteilung

Der Rührer bringt einen Impulsstrom in die Zirkulationsströmung des Fluids ein. Die daraus resultierende *Zirkulationsmenge*

$$Q_Z = c_Z \cdot n \cdot d_2^3 \tag{2.5}$$

ist die im Behältervolumen um die Zirkulationspunkte umgewälzte Fluidmenge. Der *Zirkulationsbeiwert* c_Z charakterisiert den Prozess und ist deshalb ein grundlegender Parameter für die Modellierung des Rührprozesses. Die Fluidelemente werden in der *mittleren Zirkulationszeit*

$$\overline{t_Z} = \frac{V_B}{Q_Z} \tag{2.6}$$

umgewälzt [63]. Aus den Gln. (2.5) und (2.6) ergibt sich

$$\frac{1}{\overline{t}_Z} = k_t \cdot n \tag{2.7}$$

mit der dimensionslosen Gruppe

$$k_t = \frac{c_Z \cdot d_2^3}{V_B} \tag{2.8}$$

als Proportionalitätsfaktor. Die in den Gln. (2.5) bis (2.8) beschriebenen Zusammenhänge finden eine weit verbreitete Anwendung bei der Modellierung des zugrundeliegenden Mischprozesses und zur Bewertung des jeweiligen Mischorgans [32]-[39], [69].

Die Zirkulationszeiten einzelner Fluidelemente sind um $\overline{t}_Z$ verteilt. Die Zirkulationszeitverteilung hat typischerweise die Form einer logarithmischen Normalverteilung [35]. Wenn die Bereiche im Prozessvolumen mit kleinen Geschwindigkeiten stärker ausgebildet sind, können auch bimodale Verteilungen auftreten [59]. Die Varianz ${\sigma_Z}^2$ dieser Verteilung hat einen Bezug zur äquivalenten *Förderhöhe* H_R des Rührers (Velocity Head)

$$H_R = \frac{{v_u}^2}{2 \cdot g} \tag{2.9}$$

mit der *Rührerumfangsgeschwindigkeit* v_u:

$$v_u = \pi \cdot n \cdot d_2 \,. \tag{2.10}$$

Die äquivalente Förderhöhe des Rührers nach Gl. (2.9) steht für die am Rührer vorhandene kinetische Energie, welche Schereffekte im Fluid hervorruft [31]. Experimente mit Radio-Pillen haben gezeigt, dass die Varianz der Zirkulationszeitverteilung folgende Proportionalitäten aufweist [32]-[36]:

$$\frac{1}{\sigma_Z^2} \propto H_R \tag{2.11}$$

bzw. für $d_2 =$ konst.

$$\frac{1}{\sigma_Z} = k_\sigma \cdot n \,. \tag{2.12}$$

korreliert. Weiterhin besteht ein Zusammenhang zwischen σ_Z und der BODENSTEIN-Zahl bzw. der PÉCLET-Zahl Pe [25], [35], [40]:

$$Pe \approx 2 \cdot \left(\frac{\overline{t}_Z}{\sigma_Z} \right)^2 . \tag{2.13}$$

Die PÉCLET-Zahl

$$Pe = \frac{v \cdot L}{D_{Diff}} \tag{2.14}$$

mit der charakteristischen Strömungsgeschwindigkeit v und der charakteristischen Länge L sowie dem Diffusionskoeffizienten D_{Diff} beschreibt dabei das Verhältnis des Stoffstromes der Strömung zum Diffusionsstrom und ist damit ein Maß für die Rückvermischung. Für den Grenzfall des ideal durchmischten Rührbehälters gilt $Pe = 0$ und für das Modell des idealen Strömungsrohres ohne Rückvermischung $Pe = \infty$.

In der Ebene des Zirkulationspunktes erreichen $\bar{t}_Z$ und σ_Z besonders kleine Werte, da sich die Fluidelemente bei jeder Zirkulation durch diese Ebene bewegen. Für andere Bezugsebenen können die Fluidelemente mehrere Zirkulationen durchführen, ohne die Bezugsebene selbst zu durchtreten [70]. Daher ergibt sich ein axiale Abhängigkeit der Zirkulationszeitverteilung bzw. ein axiales Profil von $\bar{t}_Z$ und σ_Z. Anhand dieser Profile ist die Lokalisierung des Zirkulationspunktes und eine Bewertung der axialen Homogenität möglich [70].

b. Mischzeit und Mischzeitkennzahl

Beim Homogenisieren soll eine bestimmte *Mischgüte M* erreicht werden:

$$M = 1 - \frac{\bar{c} - c(t)}{\bar{c} - c_0} = 1 - \frac{\Delta c}{\Delta c_0}. \tag{2.15}$$

Dabei sollen ausgehend von der Konzentrationsdifferenz Δc_0 vor Beginn des Mischvorganges die zeitlichen und räumlichen Konzentrationsschwankungen Δc bzw. die Inhomogenitäten im Prozessvolumen ein angestrebtes Minimum unterschreiten [31]. Die Zeit bis zum Erreichen von M ist die Mischzeit t_M. Der zeitliche Verlauf der Konzentrationsschwankungen kann durch einen exponentiellen Ansatz approximiert werden:

$$\frac{\Delta c}{\Delta c_0} = k_M \cdot \exp\left(-\frac{t_M}{t_Z}\right). \tag{2.16}$$

Da zwischen der Mischzeit und der charakteristischen Zirkulationszeit t_Z eine direkte Proportionalität besteht, gilt mit $t_Z \propto n^{-1}$ aus Gl. (2.7) im turbulenten Strömungsbereich [31]:

$$n \cdot t_M = N_M = \text{konst.} \tag{2.17}$$

Die *Mischzeitkennzahl* N_M ist die Anzahl der Rührerumdrehungen bis zum Erreichen von M. Unterhalb des turbulenten Bereiches ist $N_M \propto Re^{-1}$. Der Verlauf von $N_M(Re)$ ist die *Mischzeitcharakteristik* [31].

2.1.5 Kennzahlen des Suspendierens

Das Einmischen bzw. Suspendieren von Feststoffen ist insbesondere bei Biogasfermentern eine entscheidende Aufgabe. Zur Bewertung des Suspendierzustandes haben sich das 1s-*Kriterium* und das 90%-*Schichthöhenkriterium* etabliert [64]. Das 1s-*Kriterium* beschreibt den Zustand der *vollständigen Suspension*, bei dem sich keine Feststoffpartikel länger als 1 s am Boden absetzen. Für anwachsende Rührerdrehzahlen kann zusätzlich eine Bewertung anhand der axialen Position der Trennlinie zwischen der reinen Flüssigkeitsphase und der Suspensionsphase erfolgen. Mit zunehmender Drehzahl wandert die Trennlinie im Behälter nach oben. Erreicht die Trennlinie $z/H_0 \approx 0{,}9$, so ist das 90%-*Schichthöhenkriterium* erfüllt. Der Grenzfall ist die *homogene Suspension*, bei welcher der Feststoff ideal gleichmäßig im Behälter verteilt ist.

Weiterhin kann die Homogenität der Suspension auch anhand örtlich gemessener Feststoffgehalte φ_p bewertet werden. Dabei ist eine Positionierung der Messstellen in gleichmäßig unterteilten Abschnitten Δz über der Fluidhöhe z sinnvoll. Die Varianz der an den einzelnen Messstellen i gemessenen lokalen Feststoffanteile ist ein Maß für die Verteilungsgüte bzw. den Homogenitätsgrad [68], [71]:

$$s_{\varphi p}^2 = \frac{1}{\mathrm{k}-1}\sum_{i=1}^{\mathrm{k}}\left(\frac{\varphi_p^i}{\overline{\varphi}_p} - 1\right)^2 . \tag{2.18}$$

Man unterscheidet folgende charakteristische Werte des Homogenitätsgrades [68], [71]:

- $s_{\varphi p}^2 = 0{,}97$: vollständige Suspension
- $s_{\varphi p}^2 = 0{,}7$: die Zweiphasenzone umfasst den gesamten Behälter
- $s_{\varphi p}^2 = 0{,}5$: homogene Suspension

2.2 Strömungsdynamik von Partikeln in Fluiden

Das Strömungsverhalten von Partikeln in mehrphasigen Fluiden und speziell in Feststoffsuspensionen ist für das Verständnis der Vermischungsvorgänge von fundamentaler Bedeutung. Die grundlegenden Zusammenhänge sind dabei nicht nur für Feststoffpartikel im Fluid gültig, sondern können auch für die Charakterisierung der Strömungseigenschaften makroskopischer Starrkörper herangezogen werden.

2.2.1 Kräfte an strömenden Partikeln

Partikel (Feststoff, Tropfen, Blasen) bzw. starre Strömungskörper im Allgemeinen erfahren in Fluiden (Gas, Flüssigkeit) *Massen- bzw. Volumenkräfte* (Schwerkraft $\vec{F}_g$, Trägheitskraft $\vec{F}_T$, Zentrifugalkraft $\vec{F}_Z$) und *Oberflächenkräfte* (statische und dynamische Auftriebskräfte $\vec{F}_A$ und $\vec{F}_D$, Reibungs-/Widerstandskraft $\vec{F}_W$). Das Kräftegleichgewicht (Abbildung 2.10) für eine beschleunigte Bewegung eines Körpers in einem ruhenden oder gleichmäßig strömenden Fluid lautet

$$\vec{F}_g + \vec{F}_T + \vec{F}_Z + \vec{F}_A + \vec{F}_D + \vec{F}_W = 0\,. \tag{2.19}$$

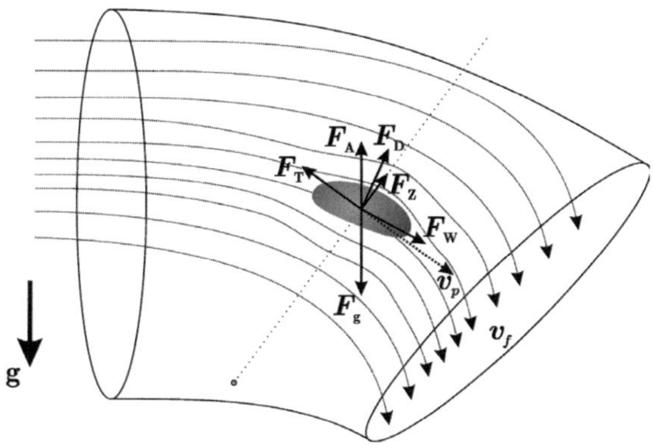

Abbildung 2.10: Wirkende Kräfte auf einen angeströmten Körper.

Weiteren Einfluss können je nach Beschaffenheit und Größe des Strömungskörpers und in Abhängigkeit von den Prozessbedingungen Diffusionskräfte und elektrische sowie magnetische Kräfte haben. Die entscheidenden Massen- und Oberflächenkräfte werden nachfolgend erläutert, wobei sich die Ausführungen auf die Darstellung in [72] stützen. Der verwendete Partikeldurchmesser gilt für Partikel mit Kugelform und ist für abweichende Partikelformen durch einen Äquivalentdurchmesser, wie z. B. den Durchmesser der volumengleichen Kugel, zu ersetzen.

Die *Schwerkraft* ergibt sich aus der Wirkung des Gravitationsfeldes auf massebehaftete Körper gemäß

$$\vec{F}_g = m_p \cdot \vec{g} \tag{2.20}$$

und greift am Massenschwerpunkt des Körpers an. Die *Trägheitskraft* wird für translatorische Bewegungsänderungen mit der Beschleunigung $\vec{a}$ und der Relativgeschwindigkeit $\vec{v}$ nach dem zweiten NEWTONschen Gesetz

$$\vec{F}_T = -m_p \cdot \frac{d\vec{v}}{dt} = -m_p \cdot \vec{a} \tag{2.21}$$

berechnet. Bei beschleunigten Bewegungen ist zudem die Trägheit der an dem Körper anhaftenden und mitbewegten Fluidmasse zu berücksichtigen. Die Partikelmasse in Gl. (2.21) ist daher gemäß

$$m_p^* = V_p \cdot (\rho_p + \alpha \cdot \rho_f) \tag{2.22}$$

zu erweitern. Der Volumenanteil $\alpha = V/V_p < 1$ der beschleunigten Gesamtmasse ist nur schwer bestimmbar und wird für Flüssigkeiten üblicherweise mit einem Wert von 0,5 abgeschätzt [72].

Bei einer Relativbewegung zwischen einem Körper und dem ihn umgebenden Fluid entsteht ein Strömunsgwiderstand. Dieser besteht aus einem Druckwiderstand und einem Reibungswiderstand. Die reibungsbedingte Kraftkomponente wird als *Widerstandskraft* bezeichnet. Diese wirkt in Richtung der Anströmgeschwindigkeit $\vec{v}$. Die durch die Druckverteilung erzeugte Kraftkomponente ist die *dynamische Auftriebskraft* in Gl. (2.28) und wirkt orthogonal zur Anströmungsrichtung. Die Widerstandskraft ergibt sich aus der Integration der NEWTONschen Schubspannung $\tau = \mu \cdot dv/dn$ (dn in Richtung des Normalenvektors $\vec{n}$), die eine Folge der Haftungsbedingung der Strömungsgeschwindigkeit v an der Oberfläche des Körpers ist, über die Gesamtoberfläche des Körpers (Abbildung 2.11):

$$\vec{F}_W = \oiint_A (\tau \cdot \vec{t}) \, dA \tag{2.23}$$

mit dem Tangentialvektor $\vec{t}$ auf dem Flächenstück dA.

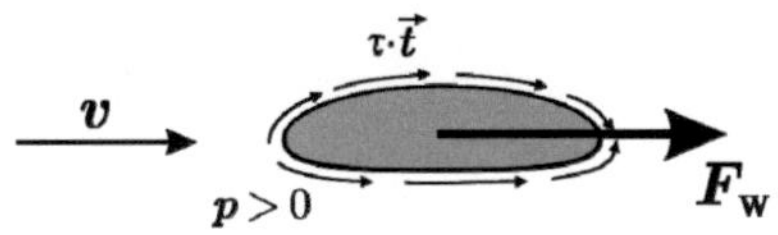

Abbildung 2.11: Wirkende Widerstandskraft F_W auf einen angeströmten Körper auf Grund der vorhandenen Schubspannung τ.

Die Widerstandskraft kann jedoch auch über die Beziehung

$$\vec{F}_W = \frac{1}{2} c_W(Re_p) \cdot A \cdot \rho_f \cdot |v| \cdot \vec{v} , \tag{2.24}$$

berechnet werden, worin $c_W(Re_p)$ die dimensionslose Widerstandszahl oder Widerstandsfunktion ist. Die für die Umströmung eines Körpers relevante REYNOLDS-Zahl wird gemäß

$$Re_p = \frac{v \cdot d_p \cdot \rho_f}{\mu_f} \tag{2.25}$$

berechnet, wobei d_p der Partikeldurchmesser und μ_f die dynamische Viskosität des Fluids sind. Die Widerstandsfunktionen für typische regelmäßige Körperformen (Kugel, Kreiszylinder, Kreisscheibe) sind in Abbildung 2.12 dargestellt.

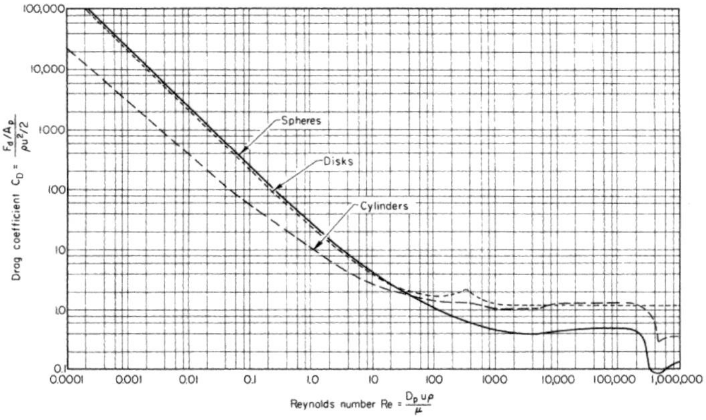

Abbildung 2.12: Widerstandsfunktionen (Drag Coefficient) für Kugel, Kreiszylinder und Kreisscheibe (quer angeströmt) in Abhängigkeit von der auf den Durchmesser d_p und die ungestörte Anströmgeschwindigkeit v_∞ bezogene REYNOLDS-Zahl (aus [73]).

Die *Druckkräfte* in Fluiden bewirken den Auftrieb eines Körpers, haben einen statischen und einen dynamischen Anteil und greifen am Volumenschwerpunkt des Körpers an. Die Druckkraft F_p ergibt sich durch Integration der an der Oberfläche A_p des Körpers mit dem Volumen V_p angreifenden Druckverteilung p:

$$\vec{F}_\text{p} = \oiint_{A_p} (-p \cdot \vec{n}) \, dA \,. \tag{2.26}$$

Die durch das Schwerefeld erzeugte *statische Auftriebskraft* F_A wird gemäß

$$\vec{F}_\text{A} = -V_p \cdot \rho_f \cdot \vec{g} \tag{2.27}$$

berechnet (Abbildung 2.13).

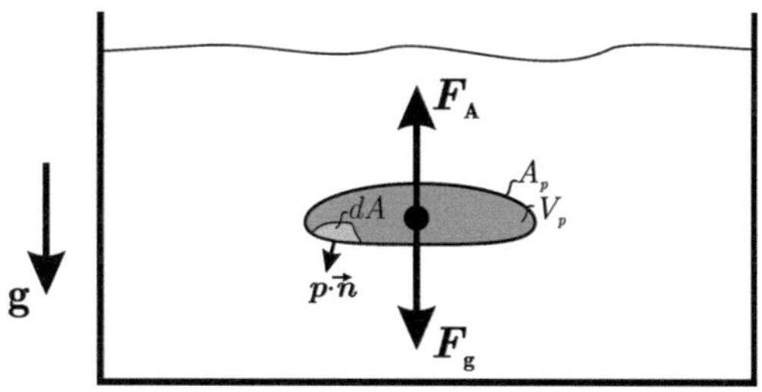

Abbildung 2.13: Auf einen Körper wirkende Gewichtskraft F_g und die statische Auftriebskraft F_A infolge der auf die Oberfläche A_p des Körper wirkenden Druckverteilung p.

Die *dynamische Auftriebskraft* F_D entsteht durch die ungleichmäßige Umströmung und die damit verbundene unsymmetrische Druckverteilung auf der Oberfläche eines Körpers und wirkt senkrecht zur Anströmungsrichtung (Abbildung 2.14). Ursachen für eine ungleichmäßige Umströmung können die Körperform, das Strömungsprofil und die Eigenrotation des Körpers sein. Der Betrag der dynamischen Auftriebskraft wird aus einem der Widerstandskraft von Gl. (2.24) entsprechenden Ansatz gemäß

$$F_D = \frac{1}{2} c_A \cdot A \cdot \rho_f \cdot v^2 \tag{2.28}$$

gebildet, wobei A den Anströmquerschnitt (Projektionsfläche in Anströmrichtung), c_A der Auftriebsbeiwert des Körpers und v die Relativgeschwindigkeit zwischen Körper und Fluid (Anströmgeschwindigkeit) repräsentieren.

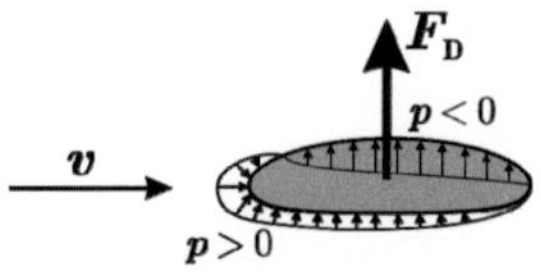

Abbildung 2.14: Dynamische Auftriebskraft F_D auf einen umströmten unsymmetrischen Körper auf Grund der vorhandenen Druckverteilung p.

Bei der Anströmung starrer Körper sind drei wesentliche Phänomene zu beobachten. Bei einer *unregelmäßigen Form* des Strömungskörpers entstehen ein Drehmoment und eine daraus resultierende Eigenrotation des Körpers. Wenn der Körper eine *regelmäßige Form* (Kugel, Zylinder) hat, entsteht bei einer aufgeprägten Eigenrotation eine unsymmetrische Umströmung, die basierend auf dem MAGNUS-Effekt wiederum einen dynamischen *Quertrieb* zur Folge hat (Abbildung 2.15 a). Die Richtung des Quertriebes ist dabei orthogonal zur Anströmungsrichtung und zeigt zur Seite des Körpers hin, welche sich mit der Strömungsrichtung dreht, da dort der Druck entsprechend des BERNOULLI-Gesetzes geringer ist. In *Wandnähe befindliche Körper* werden auf Grund des Strömungsprofils in der Grenzschicht nahe der Wand unsymmetrisch umströmt und erfahren eine von der Wand weg gerichtete dynamische Auftriebskraft (Abbildung 2.15 b). Dies führt zusammen mit der Widerstandskraft zum Aufwirbeln von Partikeln von Behälterböden und ist ein gewünschter Effekt beim Suspendieren.

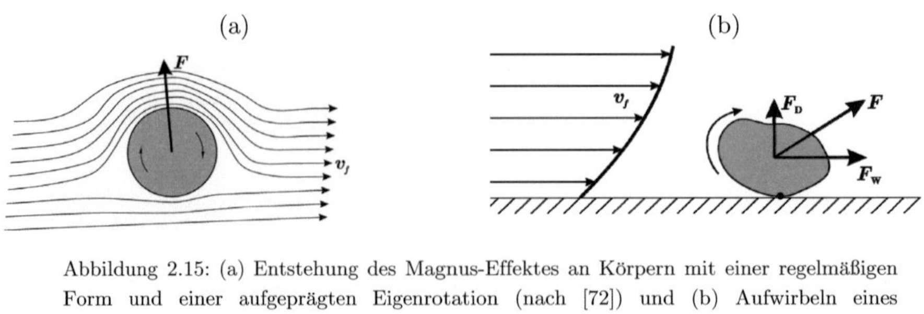

Abbildung 2.15: (a) Entstehung des Magnus-Effektes an Körpern mit einer regelmäßigen Form und einer aufgeprägten Eigenrotation (nach [72]) und (b) Aufwirbeln eines sedimentierten Partikels (aus [64]).

2.2.2 Widerstandszahl und Sphärizität von Partikeln

Zwei grundlegende Kennzahlen zur Charakterisierung des Strömungsverhaltens von Partikeln sind die Widerstandszahl und die Sphärizität. Die Widerstandszahl c_W ist für die Beschreibung der Strömungseigenschaften eines Körpers ein grundlegender Parameter. Für unregelmäßige, nicht sphärische Partikel kann c_W in Abhängigkeit von der Sphärizität ψ des Partikels gemäß

$$c_W = \frac{24}{Re_p} \cdot \left[1 + \exp\left(2.3288 - 6.4581 \cdot \psi + 2.4486 \cdot \psi^2\right) \cdot Re_p^{(0.0964+0.5565 \cdot \psi)}\right] + \frac{Re_p \cdot \exp\left(4.905 - 13.8944 \cdot \psi + 18.4222 \cdot \psi^2 - 10.2599 \cdot \psi^3\right)}{Re_p + \exp\left(1.4681 - 12.2584 \cdot \psi - 20.7322 \cdot \psi^2 + 15.8855 \cdot \psi^3\right)} \tag{2.29}$$

abgeschätzt werden (Abbildung 2.16) [74]. Diese Korrelation gilt für $Re_p < 2{,}5 \cdot 10^5$ und $0{,}5 \leq \psi \leq 1$.

Die Sphärizität ψ drückt aus, wie kugelförmig ein Körper ist, und wird gemäß

$$\psi = \frac{A_K}{A_p} \tag{2.30}$$

aus der Oberfläche A_K der volumengleichen Kugel und der Oberfläche des Partikels A_p berechnet [75]. Die Oberfläche A_K wird aus dem volumenäquivalenten Durchmesser d_p berechnet:

$$A_K = \pi \cdot d_p^2 . \tag{2.31}$$

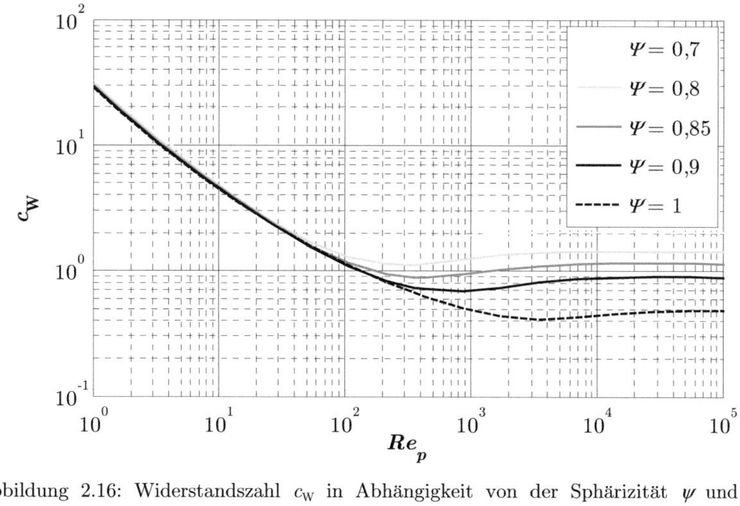

Abbildung 2.16: Widerstandszahl c_W in Abhängigkeit von der Sphärizität ψ und der REYNOLDS-Zahl Re_p nach Gl. (2.29).

2.2.3 Auftriebsneutralität

Zur Charakterisierung des Auftriebs- und Sedimentationsverhaltens von Körpern und Partikeln wird die Sink- bzw. Steiggeschwindigkeit v_s genutzt. Bei Einzelpartikeln und Körpern wird die stationäre Sinkgeschwindigkeit üblicherweise direkt durch Messen im entsprechenden Fluid bestimmt.

Die Messmethode beruht darauf, dass der sich in einem ruhenden Fluid befindende Körper mit einer Dichtedifferenz $\Delta\rho = |\rho_p - \rho_f|$ nach einer sehr kurzen Wegstrecke L ($L/d_p < 1$), in welcher der Körper beschleunigt wird, in einen stationären Zustand gelangt. In diesem Zustand ist das Kräftegleichgewicht aus Schwerkraft F_g, statischer Auftriebskraft F_A und Widerstandskraft F_W entscheidend für das Partikelverhalten:

$$\vec{F}_g + \vec{F}_A = -\vec{F}_W . \tag{2.32}$$

Mit den Gln. (2.20), (2.27) und (2.24) ergibt sich für kugeläquivalente Körperformen:

$$(\rho_p - \rho_f) \cdot \frac{\pi}{6} \cdot d_p^3 \cdot \vec{g} = -c_W(\mathrm{Re}_p) \cdot \frac{\pi}{4} \cdot d_p^2 \cdot \frac{\rho_f}{2} \cdot |\vec{v}_s| \cdot \vec{v}_s . \tag{2.33}$$

Die Richtung der resultierenden Kraftwirkung und damit die Richtung der Geschwindigkeit werden vom Vorzeichen der Dichtedifferenz festgelegt. Der Betrag der stationären Sink- bzw. Steiggeschwindigkeit eines einzelnen Partikels in einem unendlich ausgedehnten Fluid ergibt sich aus Gl. (2.33) zu

$$|v_s| = \sqrt{\frac{4}{3} \cdot \frac{d_p \cdot \mathrm{g} \cdot \Delta\rho}{c_W(\mathrm{Re}_p) \cdot \rho_f}} . \tag{2.34}$$

Wenn die gemessenen Werte von v_s hinreichend klein gegenüber den auftretenden Strömungsgeschwindigkeiten im Prozess sind, spricht man von annähernder Auftriebsneutralität ($v_s < 10^{-2}$ m·s^{-1}).

Für die Abschätzung der Sinkgeschwindigkeit verwendet man häufig bekannte Abhängigkeiten von Partikel- und Fluidparametern. Zum Beispiel kann das Strömungsverhalten von Partikeln in nicht-NEWTONschen Flüssigkeiten aus der gemessenen Viskositätscharakteristik des Fluids bestimmt werden. Für nicht-sphärische Partikel beträgt die dimensionslose Sinkgeschwindigkeit $v_* = f(d_*, \psi)$ nach [74]

$$v_* = \left(\frac{18}{d_*^2} + \frac{2.3348 - 1.7439 \cdot \psi}{d_*^{0.5}} \right)^{-1} , \tag{2.35}$$

wobei d_* der dimensionslose Partikeldurchmesser ist:

$$d_* = d_p \left(\frac{\mathrm{g} \cdot \rho_f \cdot (\rho_p - \rho_f)}{\mu_f^2} \right)^{1/3} . \tag{2.36}$$

Die Funktion $v_* = f(d_*, \psi)$ ist in Abbildung 2.17 dargestellt. Die Sinkgeschwindigkeit v_s ergibt sich dann gemäß

$$v_s = v_* \left(\frac{\rho_f^2}{g \cdot \mu_f \cdot (\rho_p - \rho_f)} \right)^{-1/3}, \tag{2.37}$$

wobei Gl. (2.37) für $Re_p < 2{,}5 \cdot 10^5$ und $0{,}5 \leq \psi \leq 1$ gilt.

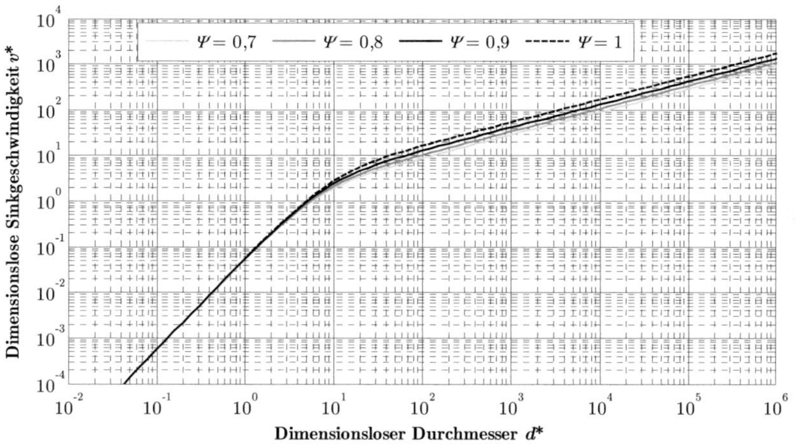

Abbildung 2.17: Abhängigkeit der dimensionslosen Sinkgeschwindigkeit v_* vom dimensionslosen Durchmesser d_* nach den Gln. (2.35) und (2.36).

2.2.4 Strömungsfolgeverhalten

Das Strömungsfolgeverhalten von Partikeln wird durch dessen Reaktionszeit auf Geschwindigkeitsänderungen der Strömung bestimmt. Die auf die spontan auftretende Relativgeschwindigkeit $\vec{v}$ folgende Reaktionszeit eines Partikels ergibt sich aus dem Kräftgleichgewicht

$$\left| \vec{F}_\text{T} \right| = \left| \vec{F}_\text{W} \right| \tag{2.38}$$

zwischen Trägheitskraft und Widerstandskraft (Gln. (2.21) und (2.24)). Die Reaktionszeit τ_p kann damit zu

$$\tau_p = \frac{4 \cdot \rho_p \cdot d_p^2}{3 \cdot \mu_f \cdot Re_p \cdot c_\text{W}}. \tag{2.39}$$

abgeschätzt werden. Dies ist eine verallgemeinerte Form der in [76] und [77] beschriebenen Reaktionszeit. Weiterhin wird ein für die Strömung charakteristisches Zeitmaß

$$\tau_f = \frac{L}{v_\infty} \tag{2.40}$$

definiert, worin L eine charakteristische Länge und v_∞ eine charakteristische Geschwindigkeit der zugrundeliegenden Strömung sind. Bildet man das Verhältnis aus den Zeitwerten τ_p und τ_f, so erhält man die STOKES-Zahl

$$St_v = \frac{\tau_p}{\tau_f} = \frac{4 \cdot \rho_p \cdot d_p^2 \cdot v_\infty}{3 \cdot \mu_f \cdot Re_p \cdot c_W \cdot L}, \tag{2.41}$$

welche als dimensionslose Kennzahl zur Charakterisierung des Strömungsfolgeverhaltens von Partikeln in Fluiden verwendet wird. In diesem Zusammenhang drückt die STOKES-Zahl aus, in welchem Maß ein Partikel eher auf seiner Bahn verbleibt, anstatt den Strömungslinien zu folgen [39]. Allgemein wird St_v als Verhältnis aus Trägheit und Strömungswiderstand eines Partikels bzw. als dimensionslose Trägheit interpretiert. Der hier verfolgte Ansatz beruht auf der Annahme, dass die Relativgeschwindigkeit zwischen Partikel und Fluid vom Dichteunterschied dominiert wird. Daher sind die ermittelten Werte der STOKES-Zahl nur als eine erste Abschätzung zu betrachten.

Die STOKES-Zahl kann auch in eine dem Schlupf zwischen Partikel und Fluid proportionale Kennzahl überführt werden. Eine Abschätzung für den Schlupf erfolgt basierend auf dem von CROWE et al. [76] eingeführten Verhältnis zwischen der stationären Partikelgeschwindigkeit v_p und der Strömungsgeschwindigkeit v_f gemäß

$$\phi = 1 - \frac{v_p}{v_f} \sim 1 - \frac{1}{1 + St_v}. \tag{2.42}$$

Interpretiert man Gl. (2.41), so werden kleine und leichte Partikel in einem langsam strömenden Fluid mit hoher Viskosität der Strömung folgen ($St_v << 1$). Hingegen werden große und schwere Partikel in einem schnell strömenden Fluid niedriger Viskosität ein schlechtes Folgeverhalten und damit einen großen Schlupf aufweisen ($St_v >> 1$, $\phi \approx 1$). Da in Gl. (2.41) der Partikeldurchmesser mit der zweiten Potenz eingeht, hat er eine übergeordnete Bedeutung für das Strömungsfolgeverhalten.

Mit $St_v = 0$ wird der Grenzfall der *Gleichgewichtsströmung*, in welcher Fluid- und Partikelgeschwindigkeit gleich verlaufen, beschrieben. Theoretisch ist also $St_v << 1$ anzustreben, um gutes Strömungsfolgeverhalten zu erzielen. Im Hinblick auf die technische Realisierung von Partikeln und Strömungsfolgern zur Charakterisierung von Strömungen ist bedingt durch technologische Möglichkeiten der Fertigung robuster und beständiger Gehäuse, die Größe verfügbarer Sensoren und die Größe chemischer Energieträger jedoch nur eine begrenzte Mindestgröße erreichbar. Daher sind bei der Anwendung diskreter Partikel auch nur begrenzte STOKES-Zahlen zu erwarten. Dieser Umstand wird in [39] aufgegriffen und

$$St_v < 0{,}1 \tag{2.43}$$

empfohlen, um bei der Anwendung diskreter Partikel den Zustand der Gleichgewichtsströmung zu erreichen. Das charakteristische Zeitmaß τ_f der Strömung ist abhängig von der Größenskale der zu untersuchenden Effekte, was besonders bei der Untersuchung von Vermischungsphänomenen eine Rolle spielt. Betrachtet man die Verteilung der STOKES-Zahl im Behälter, wird deutlich, dass nur der begrenzte Bereich des Rührerstrahls in einem gerührten Behälter besonders hohe Geschwindkeitswerte aufweist (Abbildung 2.18). Daher sind auch nur in diesem Bereich erhöhte Werte für St_v zu erwarten. Zum Erreichen der Bedingung für hinreichendes Strömungsfolgeverhalten in Gl. (2.43) ergeben sich daher auf dem Mikro- und Makromaßstab sowie auf dem Maßstab der Zirkulationsströmung sehr unterschiedliche erforderliche Partikeldurchmesser (Tabelle 2.2).

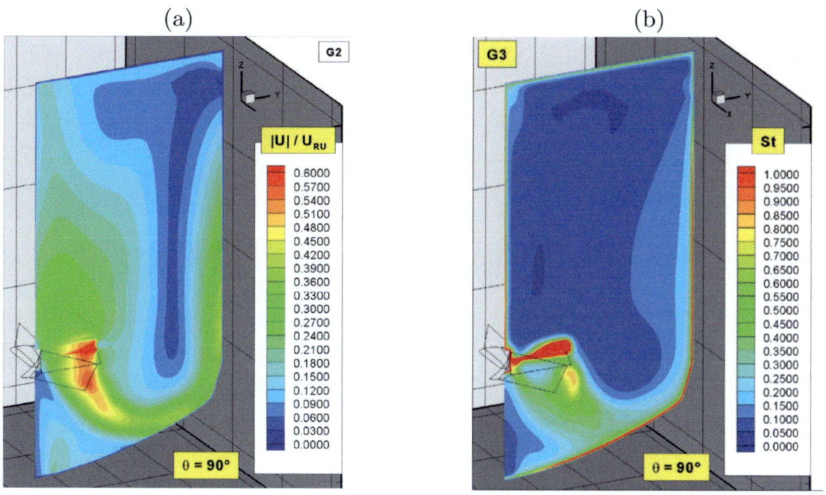

Abbildung 2.18: (a) Verteilung der auf die Rührwerksumfangsgeschwindigkeit normierten Absolutgeschwindigkeit und (b) Verteilung der STOKES-Zahl für Partikel mit $d_p = 200$ µm und $\rho_p = 2500$ kg·m^{-3} in Wasser (Behälter: $H_0 = 0{,}4$ m; $d_1 = 0{,}4$ m; Rührer: $n = 300$ min^{-1}; $d_2 = 0{,}144$ m; 45°-Schrägblattrührer) (aus [68]).

Bei der Betrachtung der Mikrovermischung (Abschnitt 2.1.3) ist die Reaktion von Partikeln auf die turbulente Strömung ($Re > 10^4$) auf einer sehr kleinen Größenskale relevant. In diesem Fall ist die KOLMOGOROV-Zeitskale τ_K nach Gl. (2.4) als charakteristisches Zeitmaß τ_f zu wählen. Für einen angenommenen Energieeintrag von $\varepsilon = 1$ W·kg^{-1} in Wasser mit einer Viskosität von $\nu \approx 1 \cdot 10^{-6}$ m^2·s^{-1} ergibt sich mit Gl. (2.4) ein Wert von $\tau_K = 1 \cdot 10^{-3}$ s. Um unter diesen Voraussetzungen der Strömung zu folgen, also die Bedingung in Gl. (2.43) zu erfüllen, müsste ein Partikel einen Durchmesser von $d_p < 4 \cdot 10^{-5}$ m aufweisen (Tabelle 2.2).

Die Reaktion von Partikeln auf die großen Wirbel der anisotropen, konvektiven Strömungen in einem Mischprozess, wie z. B. im Rührerstrahl nahe des Rührwerks eines Rührreaktors, ist im Bereich des Makromischens relevant. Dabei kann z. B. bei τ_f in Gl. (2.40) für die charakteristische Länge L der Rührwerksdurchmesser bzw. für die charakteristische Geschwindigkeit v_∞ die Umfangsgeschwindigkeit v_u aus Gl. (2.10) angewendet werden. Führt man das obige Beispiel fort und setzt für $L = 0{,}1$ m und für $v_\infty = 1$ m·s^{-1}, so genügt nach Gl. (2.41) auf dieser Skale ein um eine Größenordnung größerer Partikeldurchmesser von $d_p < 4{\cdot}10^{-4}$ m, um mit dem Partikel die interessierenden Strömungseffekte noch abbilden zu können (Tabelle 2.2).

In großskaligen Rührbehältern sind z. B. der Suspensionsgrad von Partikeln und die Homogenität der Vermischung von besonderem Interesse. Diese werden maßgeblich von makroskopischen Strömungseffekten wie z. B. der Zirkulationsströmung in einem gerührten Behälter bestimmt. Damit sind noch größere Längen- und Zeitskalen in Betracht zu ziehen. Als charakteristische Zeitmaße für die Zirkulationsströmung gelten Zirkulationszeiten t_Z und Makromischzeiten θ_{makro}. In industriellen Mischanlagen werden Behältervolumina von bis zu $2{\cdot}10^4$ m^3 verwendet, wobei Größenordnungen der Zeitmaße mit $\theta_{\text{makro}} \approx 10^3$ s und $t_Z \approx 10^1$ s und größer auftreten [69]. Unter Einbeziehung der Zirkulationszeit als charakteristischem Zeitmaß ($\tau_f = t_Z \approx 10^1$ s) in das vorangegangene Beispiel wird nach Gl. (2.41) für die Untersuchung der Makrovermischung niederviskoser Flüssigkeiten, wie in diesem Fall von Wasser, ein um eine weitere Größenordnung größerer Partikeldurchmesser von $d_p < 4{\cdot}10^{-3}$ m anwendbar. Bei einer Vielzahl von Flüssig-Flüssig- und Flüssig-Feststoffprozessen und insbesondere bei der Biogasfermentation sind außerdem Fluide mit viel höheren Viskositäten präsent. Durch die Proportionalität $d_p \propto (\mu_f)^{1/2}$ in Gl. (2.41) wird für diese Anwendungen der Grenzwert des erforderlichen Mindestdurchmessers für Partikel und Strömungsfolger weiter angehoben. In Biogasfermentern weisen die Substrate Werte der effektiven dynamischen Viskosität im Bereich $\mu_{\text{eff}} \approx 0{,}1...1{,}0$ Pa·s auf. Damit ergeben sich mit Gl. (2.41) Partikeldurchmesser von $d_p < 0{,}4...10$ cm (Tabelle 2.2).

Tabelle 2.2: Aus Gl. (2.43) abgeschätzte Durchmesser auftriebsneutraler Partikel zum Erreichen der Bedingung für hinreichendes Strömungsfolgeverhalten ($St_v = 0{,}1$) auf dem Mikro- und Makromaßstab sowie auf dem Maßstab der Zirkulationsströmung eines Rührprozesses.

Maßstab	μ_{eff} Pa·s	τ_f s	d_p cm
Mikromaßstab	$1{\cdot}10^{-3}$	$1{\cdot}10^{-3}$	0,004
Makromaßstab	$1{\cdot}10^{-3}$	$1{\cdot}10^{-1}$	0,04
Zirkulationsströmung	$1{\cdot}10^{-3}$	$1{\cdot}10^{1}$	0,4
Großbehälter	<1	$1{\cdot}10^{1}$	10

Strömungsfolger mit Abmessungen in der Größenordnung von 1...10 cm sind technisch realisierbar. Diese Abschätzung zeigt auch, dass zunächst eine Systemintegration auf der Ebene miniaturisierter Siliziumchips nicht zwingend notwendig ist. Es kann durchaus auf verfügbare diskrete Sensorkomponenten zurückgegriffen werden, um trotzdem in einem breiten Anwendungs- und Anlagenspektrum verfahrenstechnisch relevante Effekte erfassen zu können.

3 Sensorik für Strömungsfolger

In diesem Kapitel werden die miniaturisierten Messfühler für Temperatur, Druck und Beschleunigung vorgestellt, die im Sensorpartikel Anwendung finden. Es wird auf die Auswahl, den Betrieb und wesentliche Leistungsparameter eingegangen. Weiterhin werden die Ergebnisse der notwendigen Kalibrierung und der Messunsicherheitsbetrachtung der Temperatur- und Druckmessfühler der sechs aufgebauten Sensorpartikel vorgestellt.

3.1 Temperaturmessfühler

3.1.1 Auswahl geeigneter Messfühler

Bei der Auswahl und Konfiguration von Temperatursensoren für mobile und autarke Geräte für den Einsatz in Biogasfermentern sind folgende Eigenschaften von Bedeutung:

- zu erreichende *Gesamtmessunsicherheit* von $U_{\mathrm{Tu}} < \pm 0{,}5$ K, die sich aus den Angaben in [3] ableitet
- *Messbereich* von 20...60 °C (erweitert 10...70 °C) zur Abdeckung der Temperaturoptima psychrophiler (< 25 °C), mesophiler (37...42 °C) und thermophiler (50...60 °C) Fermentationsmilieus [3]
- hinreichend kurze *Reaktionszeit* des Sensors zur Erfassung räumlicher und zeitlicher Temperaturgradienten
- geringe *Baugröße* (äquivalenter Partikeldurchmesser $d_p < 0{,}4\ldots10$ cm) und *Masse* zur Integration in ein Gehäuse
- geringer *Schaltungsaufwand* zur Ankopplung an die Erfassungselektronik und
- hohe *Energieeffizienz* während der Messung
- *Abschaltbarkeit* nach der Messung

Im Bereich der autonomen Sensorik finden zur Messung der Umgebungstemperatur absolut messende, thermoresistive Temperaturfühler einen weit verbreiteten Einsatz. Dazu gehören Widerstandsthermometer (RTD), Detektoren auf der Basis von p-n-Übergängen und Thermistoren (NTC bzw. PTC). Diese bieten gegenüber anderen Messfühlern, wie z. B. Thermoelementen und optischen Temperaturaufnehmern, die Vorteile einer einfachen schaltungstechnischen Ankopplung, hoher Sensitivitäten und einer hohen Langzeitstabilität. Unter den thermoresistiven Temperaturfühlern sind insbesondere NTC-Thermistoren durch den höheren Betrag der *Empfindlichkeit* von typischerweise 2…5 %·K^{-1} gegenüber 0,3…0,5 %·K^{-1} bei RTD für die Erzeugung großer Signalamplituden in engen Temperaturbereichen geeignet. Im Gegenzug zu den ebenfalls sehr sensitiven PTC-Thermistoren zeichnen sich NTC-Thermistoren durch eine *monotone Kennlinie* aus. Dadurch sind NTC-Thermistoren für den Einsatz in kompakten Messsystemen entsprechend der oben genannten Anforderungen besonders geeignet.

3.1.2 Eigenschaften und Betrieb des Temperaturmessfühlers

Als Messfühler für die Umgebungstemperatur der Strömungsfolger werden keramische NTC-Thermistoren vom Typ NTSA0WF104FE1B0 (Murata) in Tropfenbauform mit radialer Bedrahtung und Epoxydharz-Ummantelung eingesetzt (Abbildung 3.1). Die wesentlichen Eigenschaften aus dem Datenblatt [79] sind im Anhang C.1 enthalten. Der Temperaturmessfühler ist als Kontaktsensor in die Gehäusewand des Sensorpartikels eingebracht. Bei dieser Konstruktionsvariante ist der Messfühler vor mechanischen und chemischen Beanspruchungen geschützt.

(a)

(b)

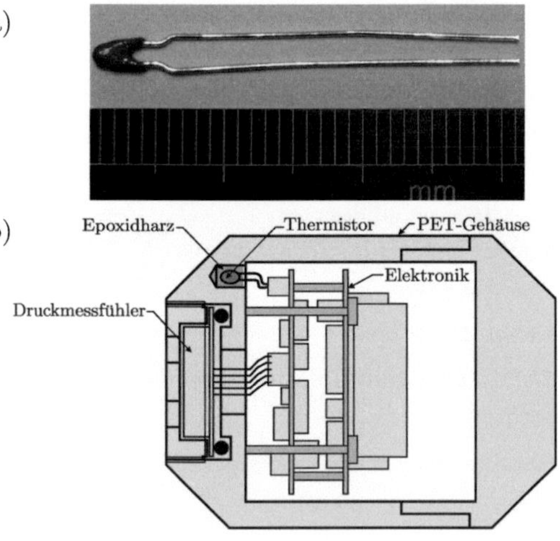

Abbildung 3.1: (a) Unmontierter NTC-Thermistor vom Typ NTSA0WF104FE1B0 (Murata) und (b) Einbausituation des Thermistors im Gehäuse des Sensorpartikels.

Die Kennlinie des NTC-Thermistors ist nichtlinear und kann in guter Näherung für den Temperaturbereich um die Nenntemperatur T_0 durch die Beziehung

$$R_T = R_0 \cdot e^{\beta \cdot \left(\frac{1}{T} - \frac{1}{T_0}\right)} \tag{3.1}$$

beschrieben werden. Darin sind $R_0 = 100\ \text{k}\Omega$ der Widerstand des Thermistors bei der Nenntemperatur T_0 (25 °C bzw. 298,15 K) und $\beta = 4300$ K die Materialkonstante, welche die Empfindlichkeit bestimmt [80]. Die Empfindlichkeit des Thermistors ergibt sich aus der Ableitung von Gl. (3.1) zu

$$\frac{dR_\text{T}}{R_\text{T} \cdot dT} = -\frac{\beta}{T^2} \tag{3.2}$$

und variiert über dem Verlauf der Kennlinie. Abbildung 3.2 zeigt die Temperaturkennlinie des nominellen Widerstandswertes, die zugehörigen Widerstandstoleranzen und die maximalen Temperaturabweichungen, wie sie vom Hersteller für die Baureihe NTSA0 angegeben sind. Im relevanten Temperaturbereich von 20...60 °C ist eine Widerstandstoleranz von etwa ±2,5% zu erwarten. Daraus ergeben sich Toleranzen der Temperaturmessung von mehr als ±0,5 K. Zum Erreichen der geforderten Genauigkeit von ±0,5 K ist daher eine Kalibrierung notwendig.

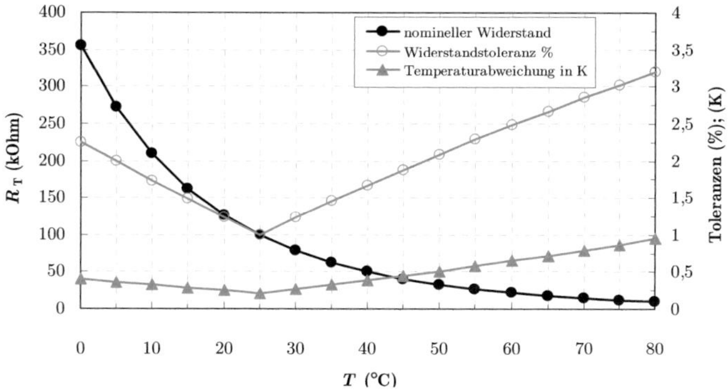

Abbildung 3.2: Temperaturverlauf der nominellen Widerstandswerte, der Widerstandstoleranzen und der Abweichung der berechneten Temperatur für den Thermistor vom Typ NTSA0WF104FE1B0 aus dem Datenblatt des Herstellers [79].

Zur Erfassung der temperaturbedingten Widerstandsänderung des NTC-Thermistors R_T sind zwei Schaltungsvarianten in Betracht zu ziehen. Dies sind der Betrieb des NTC-Thermistors mit Konstantstromspeisung und der Betrieb in einem einfachen Spannungsteiler (Abbildung 3.3). Bei Konststantstromspeisung ist zur Bereitstellung des Speisestromes ein erhöhter Bedarf an Schaltungstechnik erforderlich. Die Einstellung des Konstantstromes I_Ref erfolgt mit dem Widerstand R_1:

$$I_\text{Ref} = \frac{U_\text{Ref}}{\text{R}_1}. \tag{3.3}$$

Die Messpannung U_T ergibt sich dann zu

$$U_\text{T} = I_\text{Ref} \cdot R_\text{T} \tag{3.4}$$

und bildet das nichtlineare Temperaturverhalten des Thermistors R_T ab. Da U_T nicht massebezogen ist, wird die Verstärkung mit einem zusätzlichen Instrumentenverstärker nötig. Mit $\beta = 4300$ K sind in dem betrachteten Temperaturintervall von 20...60°C etwa 83% Widerstandsänderung zu erwarten. Mit der Schaltungsvariante nach Abbildung 3.3a kann der Temperaturbereich 20...60 °C bei Vernachlässigung des Spannungsabfalls über dem Transistor und dem Widerstand R_1 nahezu vollständig auf den Eingangsspannungsbereich des AD-Wandlers abgebildet werden. Die Empfindlichkeit des Messfühlers nach Gl. (3.2) liegt dabei im Bereich (-3,9...-5,0)%·K^{-1}.

Alternativ ist der Betrieb des NTC-Thermistors in einem Spannungsteiler mit festem Vorwiderstand R_V und direktem Spannungsabgriff zum AD-Wandler über dem Thermistor R_T möglich (Abbildung 3.3b) [81]. Diese Schaltungsvariante bietet gegenüber der Speisung mit Konstantstrom den Vorteil eines minimalen Bauteilaufwandes und eines sehr geringen Energiebedarfs zur Temperaturmessung. Weiterhin wird durch den Vorwiderstand die Nichtlinearität des Thermistors R_T aus Gl. (3.1) kompensiert und es ergibt sich für die Messpannung U_T gemäß

$$U_T = U_{Ref} \cdot \frac{R_T}{R_T + R_V} \tag{3.5}$$

ein linearisierter Spannungsverlauf [81]. Die Empfindlichkeit wird aus der Ableitung von Gl. (3.5) gemäß

$$\frac{dU_T}{U_T \cdot dT} = -\frac{\beta}{T^2} \cdot \frac{R_V}{(R_T + R_V)} \tag{3.6}$$

berechnet. Eine analytische Näherungsgleichung für die Temperatur in Abhängikeit von der Messpannung U_T in einem engen Temperaturbereich um T_0 ergibt sich aus der Umkehrfunktion von Gl. (3.5) mit R_T nach Gl. (3.1):

$$T = \beta \cdot \left[\frac{\beta}{T_0} + \ln\left(\frac{R_V}{R_0} \cdot \frac{U_T}{(U_{Ref} - U_T)} \right) \right]^{-1} . \tag{3.7}$$

Der Nachteil der Variante mit Spannungsteiler ist, dass durch R_V ohne nachgeschaltete Verstärkerstufe der Eingangsspannungsbereich des AD-Wandlers gegenüber der Variante mit Konstantstromspeisung weniger ausgenutzt wird und damit die Temperaturauflösung geringer ist. Die vom Vorwiderstand R_V abhängige relative Änderung des Spannungssignals $\Delta U_T / U_{Ref}$ am Thermistor im Temperaturintervall von 20...60°C ist in Abbildung 3.4a dargestellt. Hierbei wird ein Eingangsspannungsbereich des AD-Wandlers von U_{Ref} angenommen. Die relative Signaländerung $\Delta U_T / U_{Ref}$ über dem Eingangsspannungsbereich des AD-Wandlers erreicht für $R_V = R_0/2$ ihr Maximum mit 41%. Somit ist mit dieser Beschaltung des Thermistors gegenüber der Konstantstromspeisung nur etwa die halbe Auflösung erreichbar. Im Bezug auf die zu erzielende Messunsicherheit von ±0,5 K erscheint bereits bei Verwendung eines 10 Bit AD-Wandlers die Auflösung mit einem Wert von etwa ±0,05 K/LSB hinreichend groß. Der Linearisierungseffekt wird im Temperaturverlauf des relativen Spannungssignals U_T/U_{Ref} mit $R_V = R_0/2$ in Abbildung 3.4b gezeigt. Im Temperaturintervall von 20...60°C liegt die Empfindlichkeit gemäß Gl. (3.6) im Bereich (-1,4...-2,7)%·K^{-1} und ist damit immer noch höher als bei RTD.

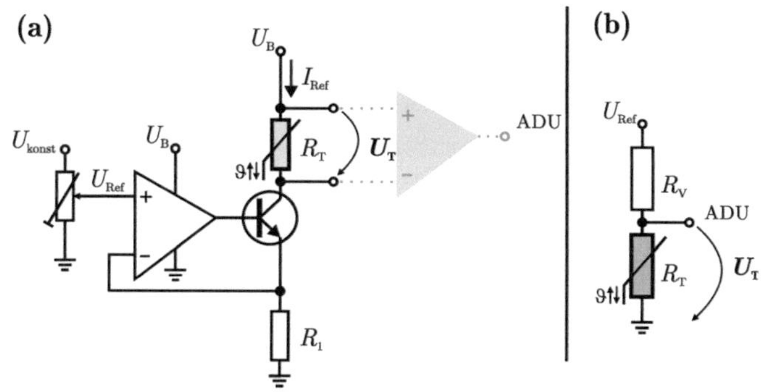

Abbildung 3.3: Schaltungsvariante zur Temperaturmessung mittels NTC-Thermistor (a) mit Konstantstromspeisung und (b) mit einem Spannungsteiler.

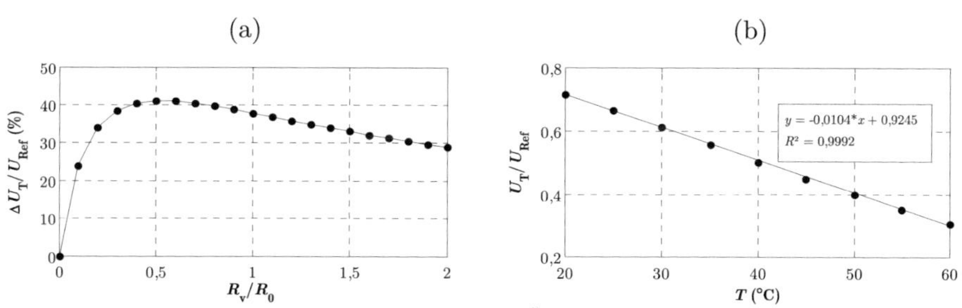

Abbildung 3.4: Abhängigkeit (a) der relativen Änderung des Spannungssignals $\Delta U_T/U_{Ref}$ vom Widerstandsverhältnis R_V/R_0 und (b) des relativen Spannungssignals U_T/U_{Ref} von der Temperatur T im Temperaturintervall 20...60°C und einen Thermistor R_T mit $\beta = 4300$ K gemäß Gl. (3.1) im Spannungsteiler mit Konstantspannungsspeisung.

Zur Minimierung des Bauteilaufwandes und des Energiebedarfs zur Temperaturmessung wurde die Beschaltung des Thermistors als Spannungsteiler für den Einsatz im Sensorpartikel ausgewählt. In der ausgeführten Schaltung ist der Thermistor mit einem Vorwiderstand R_v und einem Parallelkondensator C_P (1 nF) zur Dämpfung der Störeinflüsse der Betriebsspannung $U_B = 3{,}3$ V beschalten (Abbildung 3.5). Diese Temperaturmessschaltung ist ein Bestandteil des Gesamtkonzeptes der Erfassungselektronik (Kapitel 4). Im programmierten Messmodus wird der Spannungsteiler über den Ausgang des Mikrocontrollers zyklisch mit der Betriebsspannung U_B verbunden und die resultierende Messpannung U_T über den ADU-Eingang digitalisiert. Zur Digitalisierung von U_T kommt der im Mikrocontroller integrierte AD-Wandler mit einer Auflösung von 10 Bit zum Einsatz. Abbildung 3.5 zeigt das vereinfachte Ersatzschaltbild des Abtast-Halte-Gliedes am AD-Wandler [82]. Die in der Firmware des Mikrocontrollers zu parametrierende Abtastzeit vor der Digitalisierung der Spannung über C_H orientiert sich an der Ladezeit von C_H. Das Ladeverhalten von C_H wird im Wesentlichen von der Ausgangsimpedanz des Spannungsteilers, die von R_V, R_T und C_P dominiert wird, von der parasitären Eingangskapazität C_{Pin}, von den in R_{IC} zusammengefassten internen Widerständen und vom Einschaltwiderstand R_S des Schalters S bestimmt (Tabelle 3.1). Mit $C_P = 1$ nF ergibt sich eine 99%-Ladezeit des Kondensators C_H von max. 80 µs, die in der Parametrierung des ADU berücksichtigt wurde.

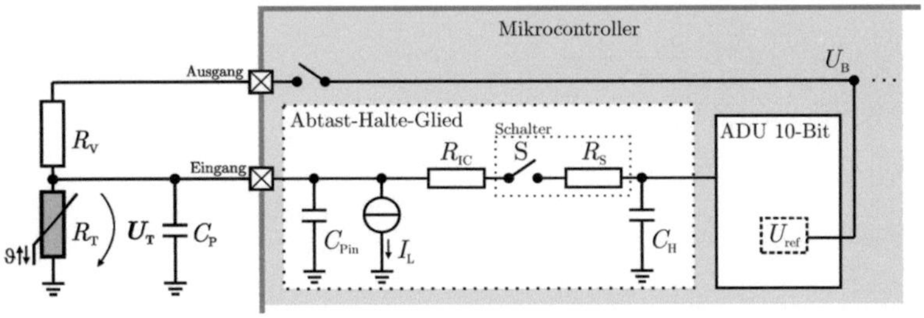

Abbildung 3.5: Schaltbild der Temperaturmessung mit dem Abtast-Halte-Glied und dem ADU des im Sensorpartikel verwendeten Mikrocontrollers vom Typ PIC18LF4420 (Microchip).

Der Vorwiderstand R_v ist ein Präzisionswiderstand mit einem Wert von 30,1 kΩ, einer Widerstandstoleranz von 0,1% und einem Temperaturkoeffizienten von ±10 ppm/K. Entsprechend der Bedingung $R_v/R_0 = 0,5$ wäre $R_v = 50$ kΩ zu wählen. Der Wert von R_v ist etwas geringer, um die Ausgangsimpedanz des Spannungsteilers zu reduzieren und damit das Laden des Halte-Kondensators C_H zu verkürzen. Diese Dimensionierung von R_v führt zu einem Messspannungsbereich bezogen auf die Betriebsspannung $U_B = 3,3$ V von 39% für den Temperaturbereich 20...60 °C bzw. von ca. 51% für den Temperaturbereich 10...70 °C.

Durch den verbleibenden Temperaturkoeffizienten des Vorwiderstandes von ±10 ppm/K ensteht über dem erweiterten Temperaturbereich 10...70 °C eine Temperaturdrift von maximal 550 ppm bzw. 16,6 Ω. Dies führt zu einer zusätzlichen Drift von maximal ±0,03 K (ca. 0,29 LSB), die über eine Kalibriermessung zu kompensieren ist.

Die Eigenerwärmung des NTC-Thermistors ist in dieser Beschaltung sehr gering. Die maximale Eigenerwärmung entsteht an der oberen Temperaturgrenze von 70 °C mit $R_T = 15,12$ kΩ bei einem resultierenden Maximalstrom von 73 µA. Aus dem Verhältnis der im Thermistor umgesetzten maximalen Leistung von 81 µW und der Dissipationskonstante von 2,1 mW/K ergibt sich für den Thermistor an Luft eine

Eigenerwärmung von $\Delta T_E < \pm 0{,}04$ K (0,38 LSB). Diese wird in die Bilanzierung der Messunsicherheit einbezogen (Abschnitt 3.1.6). Der Thermistor ist aber in das Gehäusematerial PET des Sensorpartikels eingebracht, welcher nur im Inneren vollständig mit Luft verbunden ist. Da die spezifische Wärmeleitfähigkeit von PET mit $\lambda_{PET} = 0{,}24$ W·(m·K)$^{-1}$ die Wärmeleitfähigkeit von Luft mit $\lambda_{Luft} = 0{,}0262$ W·(m·K)$^{-1}$ um ein Vielfaches übersteigt [83], fällt die tatsächliche Eigenerwärmung wesentlich geringer aus.

Tabelle 3.1: Komponenten des Abtast-Halte-Gliedes von Abbildung 3.5 (aus [82]).

Komponente	***Wert***	***Bedeutung***
C_{Pin}	5 pF	Eingangskapazität
C_H	25 pF	Halte-Kondensator
R_{IC}	<1 kΩ	Interne Widerstände
R_S	<3,8 kΩ	Einschaltwiderstand des Schalters
I_L	±100 nA	max. Leckstrom an Halbleiterübergängen

Die Kapazität C_P wurde mit einem Wert von 1 nF so dimensioniert, dass die vom Spannungskonverter erzeugten Störanteile der Betriebsspannung U_B auf die Messspannung U_T ausreichend bedämpft werden. Die Stör- bzw Schaltfrequenzen des Spannungskonverters treten ab einer Frequenz von 50 kHz auf (Abschnitt 4.2.3 und Abbildung 3.6). Die 3 dB-Frequenz des aus R_V, R_T, C_P und C_{Pin} (Abbildung 3.5) gebildeten Tiefpasses liegt im Temperaturbereich von 10...70 °C zwischen 6,1 kHz und 15,6 kHz. Störfrequenzen über 50 kHz werden dadurch mit einer Dämpfung von etwa 20 dB/Dekade bedämpft. Abbildung 3.6 zeigt das gemessene Leistungsdichtespektrum der Messspannung U_T bei einer Raumtemperatur von ca. 27 °C im Vergleich zum Spektrum der Betriebsspannung U_B (Yokogawa DL9705L Digital Oscilloscope). Das Signal-Rausch-Verhältnis

$$SNR = 10 \cdot \log\left(\frac{P_S}{P_R}\right) \tag{3.8}$$

ergibt sich aus dem gemessenen Leistungsdichtespektrum der Signalleistung P_S des Gleichspannungssignals und der Signalleistung P_R des Rauschens im verbleibenden Frequenzbereich und ist mit ca. 56 dB akzeptabel.

Die genaue Bestimmung der Signalrauschamplitude der Temperaturmessung mit den sechs Sensorpartikeln, die im Rahmen dieser Arbeit aufgebaut wurden, erfolgte anhand der Messdaten der im Abschnitt 3.1.5 beschriebenen Temperaturkalibrierung. Für jeden eingestellten Temperaturpunkt wurde die Standardabweichung σ_{Tu} aus 500 digitalen Einzelwerten bestimmt (Abbildung 3.7). Die maximale Standardabweichung von $\sigma_{Tu} = 1{,}01$ LSB tritt bei Sensorpartikel 4 und der Temperatur von 11 °C auf. Diese ermittelte Standardabweichung wird in die Bilanzierung der Messunsicherheit einbezogen (Abschnitt 3.1.6).

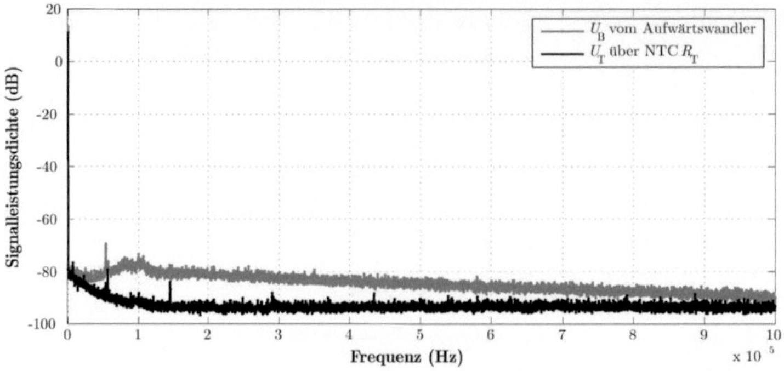

Abbildung 3.6: Leistungsdichtespektrum der Messspannung U_T im Vergleich zum Spektrum der Betriebsspannung U_B.

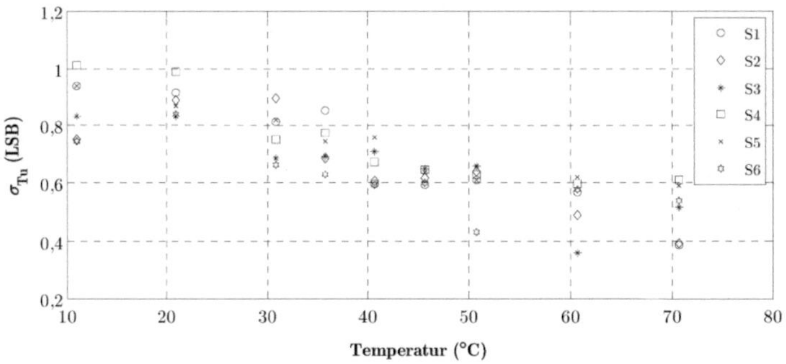

Abbildung 3.7: Standardabweichung σ_{Tu} des digitalen Messsignals U_T für alle 6 Sensorpartikel (S1 – S6), ermittelt aus 500 digitalen Einzelwerten für jeden eingestellten Temperaturpunkt.

Ein weiterer Aspekt ist die Rückwirkung des AD-Wandlers auf den Spannungsteiler. Da bei der verwendeten Schaltungsvariante kein Verstärker bzw. Treiber zur Ankopplung des Spannungsteilers an den ADU verwendet wird, sind die am Abtast-Halte-Glied auftretenden Leckageströme als Störgröße einzubeziehen. Durch auftretende Leckströme I_L wird der Spannungsteiler aus dem Vorwiderstand R_v und dem Thermistor R_T während des Ladens des Halte-Kondensators C_H belastet. Da die tatsächliche Höhe des Leckstromes nicht bekannt ist und eine statistische Komponente angenommen wird, sind die vom Hersteller angegebenen Maximalgrenzen von ±100 nA als nicht kalibrierbare Toleranz in der Bilanzierung der Messunsicherheit zu berücksichtigen (Tabelle 3.1). Im ungünstigsten Fall führt diese Toleranz zu einem Spannungsabfall von ±3 mV über R_V, welcher bei der Abtastung als Toleranz der Messspannung $\Delta U_T < \pm 3$ mV interpretiert wird. Gemäß Gl. (3.7) führt diese Spannungstoleranz zu einer zusätzlichen Toleranz der gemessenen Temperatur von $\Delta T_L < \pm 0{,}14$ K (1,33 LSB).

3.1.3 Modellbetrachtung des thermischen Ansprechverhaltens

Das thermische Ansprechverhalten des Temperaturmessfühlers ist entscheidend für die Erfassung von kurzzeitigen Veränderungen der Umgebungstemperatur an den Sensorpartikeln, wie Schlieren (Zonen mit abrupter Temperaturänderung) oder Hotspots (lokale Temperaturmaxima). Es wird im Wesentlichen von der Einbausituation des Messfühlers an der Kontaktstelle zur Umgebung bestimmt. Zur Verdeutlichung des Einflusses von der Bauform der Kontaktstelle und der verwendeten Materialien auf das Ansprechverhalten wird nachfolgend eine Modellbetrachtung von vier Konstruktionsvarianten durchgeführt. Dafür wird ein vereinfachtes Modell der Kontaktstelle im Sensorpartikel verwendet, welches die Wärmestrahlung im Innenraum und die Wärmeleitung durch die Anschlussdrähte, die Innenraumluft sowie die Befestigung der Elektronik am Gehäuse vernachlässigt. Zudem bleiben zur Vereinfachung des Modells die Wärmeleitung durch die Mantel- und Bodenfläche des Gehäuses sowie die Wärmekapazität der Elektronik in der Modellstruktur unberücksichtigt (Abbildung 3.8).

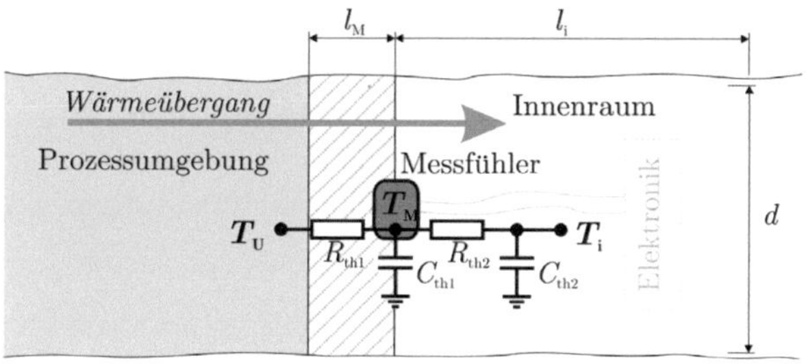

Abbildung 3.8: Vereinfachtes thermisches Schaltbild eines Temperaturmessfühlers in der Wandung eines Sensorgehäuses.

Die Wärmeleitung erfolgt von links aus dem Prozessraum mit der Temperatur T_U durch die Kontaktstelle mit der Temperatur T_M zum Innenraum des Gehäuses mit der Temperatur T_i bei einer konstanten Querschnittsfläche $A = \pi/4 \cdot d^2$ der Anordnung (Abbildung 3.8). Der Wärmewiderstand R_{th1} und die Wärmekapazität C_{th1} der Kontaktstelle modellieren die konstruktive Ankopplung des Messfühlers an die Prozessumgebung sowie die Wärmeleitfähigkeit des Sensormaterials. Die Modellgrößen des Innenraumes (R_{th2} und C_{th2}) modellieren die Kontaktierung zum Innenraum über Drähte und Verschraubungen bzw. die Innenraumluft. Die Wärmewiderstände R_{th} werden aus dem spezifischen Wärmewiderstand R_λ bzw. der spezifischen Wärmeleitfähigkeit $\lambda = R_\lambda^{-1}$, der Länge l des Materials und der Querschnittsfläche A gemäß

$$R_{th} = R_\lambda \cdot \frac{l}{A} \tag{3.9}$$

und die Wärmekapazitäten C_{th} aus der spezifischen Wärmekapazität c und der Masse m des Materials berechnet:

$$C_{th} = c \cdot m\,. \tag{3.10}$$

Diese Modellgrößen bilden zwei thermische RC-Glieder mit den Zeitkonstanten $\tau_1 = R_{\text{th1}} \cdot C_{\text{th1}}$, $\tau_2 = R_{\text{th2}} \cdot C_{\text{th2}}$ und $\tau_3 = R_{\text{th1}} \cdot C_{\text{th2}}$, welche das thermische Einschwingverhalten der Kontaktstelle beeinflussen.

Zur Abschätzung des Ansprechverhaltens des Temperaturmessfühlers wird die Sprungantwortfunktion des Temperaturmessfühlers nach Gl. (B.2) auf einen Temperatursprung ΔT_{U} ausgehend vom Gleichgewichtszustand $T_{\text{U}} = T_{\text{M}} = T_{\text{i}}$ analysiert. Die Sprungantwortfunktion $\Delta T_{\text{M}}(t)$ wird aus der Übertragungsfunktion G(s) des thermischen Modells von Abbildung 3.8 nach Gl. (B.1) berechnet. Die Funktionen $G(s)$ und $\Delta T_{\text{M}}(t)$ sind in Anhang B enthalten. Die vier betrachteten Konstruktionsvarianten sind:

- Variante MASSIV repräsentiert einen massiven Gehäuseblock aus Polyethylenterephthalat (PET). Das Längenverhältnis $l_{\text{i}}/l_{\text{M}}$ zwischen Innenraum und Wandung vor dem Messfühler ist 10.
- In Variante HOHL ist der Innenraum hohl und mit Luft anstatt PET ausgefüllt ($l_{\text{i}}/l_{\text{M}} = 10$).
- Variante DÜNN bildet eine Verringerung der Wandstärke l_{M} mit dem Faktor 0,75 und damit $l_{\text{i}}/l_{\text{M}} = 13{,}3$ ab.
- Variante STAHL geht von einer Stahl-Wandung und Luft im Innenraum ($l_{\text{i}}/l_{\text{M}} = 10$) aus.

Die zugehörigen Materialkennwerte und Modellparameter sind in Anhang B aufgelistet. Abbildung 3.9 zeigt die normierten Sprungantwortfunktionen $\Delta T_{\text{M}}(t)$ entsprechend Gl. (B.2) nach einem Temperatursprung ΔT_{U} für die vier Varianten. In Tabelle 3.2 sind zusätzlich die auf die jeweilige Einschwingzeit τ_{MASSIV} von der Variante MASSIV normierten Einschwingzeiten der Sprungantworten für verschiedene Werte $\Delta T_{\text{M}}/\Delta T_{\text{U}}$ enthalten. Befindet sich wie bei der Variante HOHL Luft im Innenraum, so wird die Einschwingzeit $\tau_{0,99}$ für das Langzeitverhalten bereits deutlich reduziert. Jedoch ist die Steilheit der Sprungantwort $\tau_{0,25}$ im Kurzzeitbereich gegenüber der Variante MASSIV kaum angestiegen. Erst die Verringerung der Wandstärke bei der Variante DÜNN führt zu einer Erhöhung der Steilheit im Kurzzeitverhalten. Bei der Variante STAHL führt die Verwendung von Stahl anstatt PET an der Kontaktstelle durch den sehr geringen Wärmewiderstand zu einer deutlichen Reduzierung der Einschwingzeit. Insbesondere wird das Kurzzeitverhalten erheblich verbessert, sodass sehr kleine $\tau_{0,25}$ erreichbar sind.

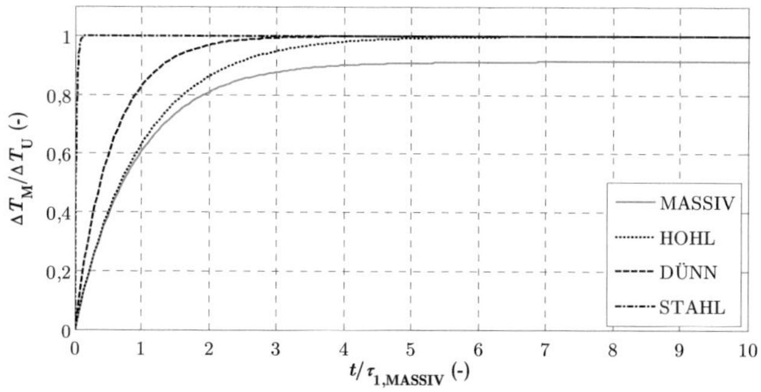

Abbildung 3.9: Normierte thermische Sprungantwortfunktionen nach einem Temperatursprung ΔT_U für die vier Varianten.

Tabelle 3.2: Normierte Einschwingzeiten $\tau(x)/\tau_{MASSIV}(x)$ für verschiedene Einschwingzustände $x = \Delta T_M/\Delta T_U$ des Messfühlers.

$x = \Delta T_M/\Delta T_U$	0,25	0,5	0,63	0,95	0,99
MASSIV	1	1	1	1	1
HOHL	1	1	0,92	0,05	0,02
DÜNN	0,75	0,63	0,58	0,03	0,01
STAHL	0,038	0,025	0,025	0,001	0,0004

Aus dieser Modellberechnung lassen sich Schlussfolgerungen für die Konstruktion des Gehäuses und der Kontaktstelle ableiten, die ein akzeptables Ansprechverhalten des Temperaturmessfühlers ermöglichen:

1. Minimierung der Wandstärke des Gehäuses und insbesondere der Kontaktstelle
2. Ankopplung des Messfühlers an die Prozessumgebung durch einen metallischen Übergang
3. Thermische Isolation der Kontaktstelle vom Innenraum

Bei der Gehäusegestaltung ist ein Kompromiss zwischen den zur Erfassung der Temperaturgradienten notwendigen konstruktiven Maßnahmen, den Anforderungen an die Robustheit des Gehäuses bzw. des Messfühlers, der Auftriebseigenschaft des Gehäuses und den Möglichkeiten der Fertigung zu finden.

3.1.4 Messung des thermischen Ansprechverhaltens

Die theoretische Vorbetrachtung aus Abschnitt 3.1.3 hat gezeigt, dass das Ansprechverhaltens des Messfühlers stark von der Gestaltung der Messstelle abhängig ist. Auf Grund der Integration des Messfühlers in das Sensorgehäuse ist generell mit einem relativ trägen Langzeitverhalten zu rechnen. Dadurch sind bei spontanen Temperatursprüngen, wie z. B. bei Schlieren oder Hotspots, relativ große

Abweichungen der mit den Sensorpartikeln erfassten Momentanwerte möglich. Bei der Kontrolle der Biogasfermentation sollen aber auch Trends, d. h. Temperaturgradienten erkannt werden. Daher wurden konstruktive Varianten der Prozessankopplung des Temperaturmessfühlers realisiert, um dessen Kurzzeitverhalten zu beschleunigen. Damit wird die Detektion kleiner Temperaturgradienten möglich, auch wenn das Messsignal noch nicht den Endwert erreicht hat.

Basierend auf der in Abschnitt 4.3.1 vorgestellten Gehäusekonstruktion und den Varianten aus Abschnitt 3.1.3 erfolgte der Aufbau von drei Typen der thermischen Ankopplung des Thermistors an das Gehäuse, wobei alle drei Typen den Einsatz unter den Prozessbedingungen eines Biogasfermenters prinzipiell zulassen (Abbildung 3.10):

- ***Typ a*** ist die robuste Grundvariante mit einem eingeklebten Thermistor in einer innen liegenden Sackbohrung. Die Materialdicke (PET) zwischen Thermistor und Sensoroberfläche beträgt ca. 2...3 mm.
- ***Typ b*** hat eine Freifräsung an der Sensoroberfläche, sodass an der Messstelle nur eine dünne Schicht PET von weniger als 0,5 mm Dicke verbleibt.
- ***Typ c*** hat ein Messingröhrchen als Durchführung, in welche der Thermistor eingeklebt ist. Der Thermistor ist nur durch einen dünnen Film aus Epoxidharz geschützt.

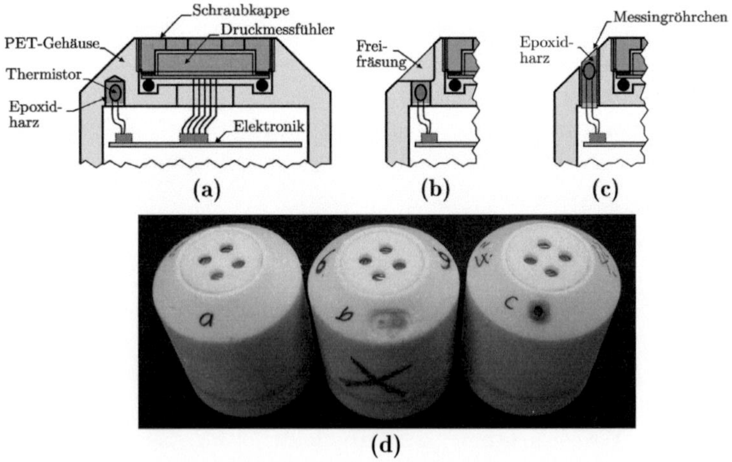

Abbildung 3.10: (a-c) Konstruktionsvarianten des Sensorgehäuses und (d) die realisierten Sensorgehäuse nach Typ a-c zur Ankopplung eines Thermistors an die Prozessumgebung.

Das Zeitverhalten der in den drei Gehäusetypen integrierten Temperaturmessfühler wurde in zwei Experimenten untersucht. Das erste Experiment umfasst die Untersuchung der *Sprungantworten* der Temperatursignale aller drei Temperaturmessfühler und die Bestimmung der kleinsten mit den Messfühlern detektierbaren *Temperaturdifferenz*. Zur Veranschaulichung des *Kurzzeitverhaltens* wurden in einem zweiten Experiment mit zwei Temperaturbädern diskrete *Schlieren* simuliert.

Im ersten Experiment wurden alle drei Sensorpartikel aus dem thermischen Gleichgewicht bei 27,2 °C gleichzeitig in ein Temperaturbad mit 35,3 °C getaucht. Die Sensorpartikel haben den Verlauf des Temperatursignales bei einer Messrate von 10 Hz erfasst. In Abbildung 3.11a sind die normierten Sprungantworten dargestellt. Die aus den Sprungantworten bestimmten Zeitkonstanten $\tau_{0,25}$ und $\tau_{0,99}$ sind in Tabelle 3.3 aufgelistet.

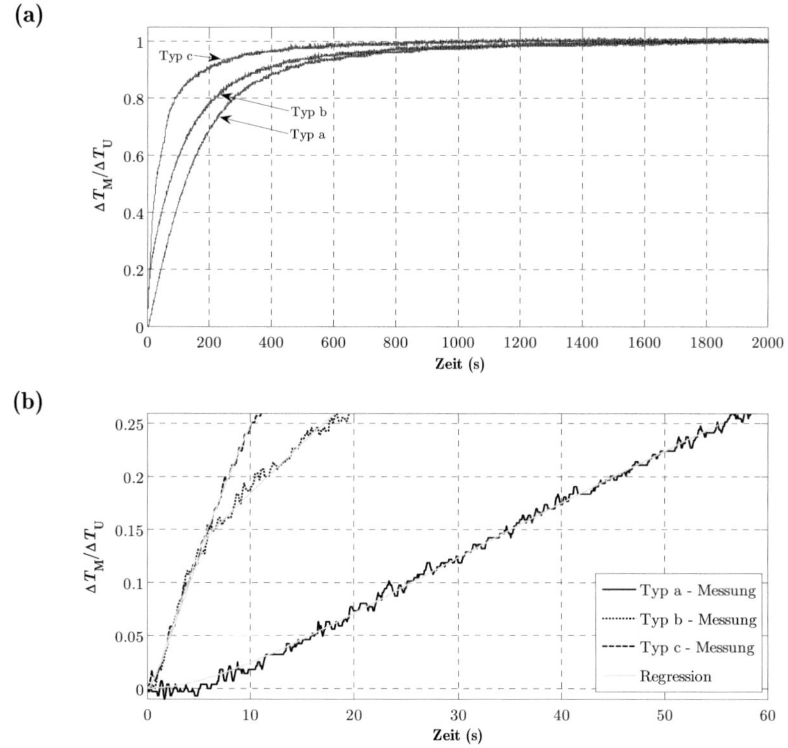

Abbildung 3.11: Normierte Sprungantworten der Konstruktionsvarianten für das Sensorgehäuse nach Abbildung 3.10 (a) über den gesamten gemessenen Zeitbereich und (b) für die ersten 60 s.

Die großen Zeitkonstanten $\tau_{0,99}$ zeigen das grundlegend träge Langzeitverhalten. Dieses ist durch den für alle drei Typen vorhandenen hohen Wärmewiderstand zum Innenraum und die Wärmekapazität der innenliegenden Elektronik geprägt. Eine Vergrößerung der Unsicherheit der Temperaturmessung durch die Trägheit des Messfühlers kann deshalb nur ausgeschlossen werden, wenn Temperaturänderungen im Prozess einem zeitlichen Gradienten $\Delta t > \tau_{0,99}$ unterliegen. Signifikante Unterschiede zwischen den Typen sind aber im Kurzzeitverhalten zu erkennen. In Abbildung 3.11b ist der Anfangsbereich der Sprungantworten vergrößert dargestellt. Die robuste Grundvariante Typ a zeigt ein deutlich trägeres Zeitverhalten als die beiden modifizierten Typen b und c. Typ b weist bis zu einer Zeit von 5 s ein annähernd schnelles Verhalten wie Typ c auf, danach wird das Verhalten jedoch zunehmend träger. Typ c weist im Vergleich das deutlich schnellste Zeitverhalten auf.

Tabelle 3.3: Zeitkonstanten $\tau_{0,25}$ und $\tau_{0,99}$ für die Konstruktionsvarianten für das Sensorgehäuse nach Abbildung 3.10.

Typ	**$\tau_{0,25}$ (s)**	**$\tau_{0,99}$ (s)**
a	56	1693
b	18	1426
c	11	993

Auf Grund des trägen Zeitverhaltens der Temperaturmessfühler ist eine Abschätzung des detektierbaren Temperaturgradienten im Prozess ΔT_{U} für die drei Typen a-c sinnvoll. Für diese Abschätzung wird davon ausgegangen, dass ein Temperaturgradient ΔT_{U} sicher detektiert werden kann, wenn der Mittelwert des gemessenen Temperatursignals T_{M} durch eine Erhöhung um ΔT_{M} über den Rauschpegel steigt. Als untere Grenze wird dabei für ΔT_{M} die Amplitude der ermittelten maximalen Standardabweichung des Temperatursignals $\sigma_{\mathrm{Tu}} = 1{,}01$ LSB mit einem Erweiterungsfaktor $k = 2$ für ein Konfidenzintervall von 95% angenommen. Dies entspricht einer zu erreichenden Signaländerung des Temperatursignals von

$$\Delta T_{\mathrm{M}} \approx \Delta T_{2\sigma} = k \cdot \sigma_{\mathrm{T}} \cdot \delta T_{\mathrm{M}} = 0{,}21\,\mathrm{K} \tag{3.11}$$

mit der mittleren Auflösung von $\delta T_{\mathrm{M}} = 0{,}105\ \mathrm{K{\cdot}LSB^{-1}}$. Die detektierbare Temperaturdifferenz ΔT_{U} wird gemäß

$$\Delta T_{\mathrm{U}} = \Delta T_{2\sigma} \cdot f\left(\Delta T_{\mathrm{M}}\left(t_{\mathrm{K}}\right)\right)^{-1} \tag{3.12}$$

aus der Sprungantwortfunktion $\Delta T_{\mathrm{M}}(t_{\mathrm{K}})$ in Abhängigkeit von der Kontaktzeit t_{K} des Sensorpartikels mit dem Medium berechnet. Die normierten Sprungantwortfunktionen $\Delta T_{\mathrm{M}}(t_{\mathrm{K}})$ wurden dazu im Kurzzeitbereich bis zum Erreichen von $\Delta T_{\mathrm{M}}/\Delta T_{\mathrm{U}} = 0{,}25$ mit Verzögerungsgliedern 2. Ordnung modelliert (Abbildung 3.11b). Für Typ b war durch den zunehmend abflachenden Kurvenverlauf für den

Zeitbereich ab 5 s eine Regression mit einem trägeren Modellparameter erforderlich. Die nach Gl. (3.12) berechneten erforderlichen Temperaturdifferenzen ΔT_U sind in Abbildung 3.12 über der Kontaktzeit t_K dargestellt. Passiert ein Sensorpartikel in einem Prozess ein Volumen konstanter Temperatur, wie z. B. eine Schliere, in einer Zeit von $t_\mathrm{K} = 3$ s, so kann mit den Typen a, b und c eine Temperaturdifferenz ΔT_U der Schliere zum umgebenden Fluid von 77,0 °C, 3,1 °C bzw. 2,8 °C noch sicher detektiert werden. Liegt die Durchtrittszeit durch die Schliere etwas höher bei $t_\mathrm{K} = 10$ s, so sind weitaus kleinere Temperaturdifferenzen ΔT_U von 8,8 °C, 1,2 °C bzw. 0,8 °C detektierbar. Durch die begrenzte Genauigkeit des Modells und den unnatürlichen Charakter von angenommenen Temperatursprüngen können diese Werte jedoch nur als Richtwerte angesehen werden.

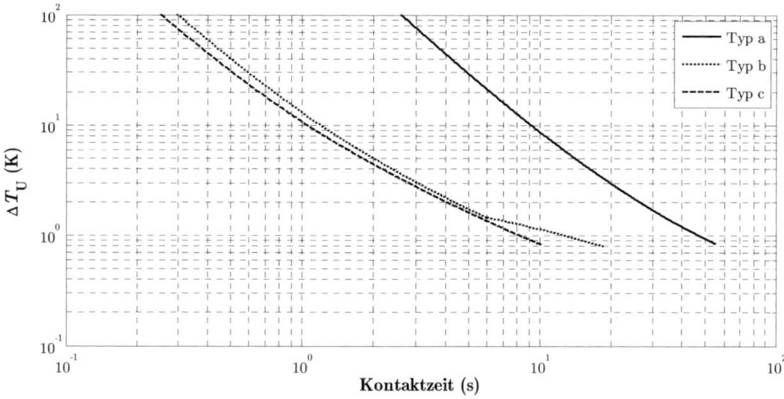

Abbildung 3.12: Kleinste detektierbare Temperaturdifferenzen ΔT_U der Prozesstemperatur die aus einem thermischen Gleichgewichtszustand heraus zu einer über der Signalrauschamplitude liegenden Signaländerung ΔT_M führen, in Abhängigkeit von der Kontaktzeit t_K des Sensorpartikels mit dem Medium (Typen a bis c entsprechend Abbildung 3.10).

Im zweiten Experiment wurden die Sensorpartikel mit den drei Gehäusevarianten aus dem Gleichgewichtszustand in Bad 1 bei $T_\mathrm{U} = 35{,}3$ °C abwechselnd in Bad 2 mit $T_\mathrm{U} = 40{,}0$ °C ($\Delta T_\mathrm{U} = 4{,}7$ K) getaucht. Der Wechsel erfolgte zunächst periodisch mit Periodendauern von ca. 4 s und danach von ca. 11 s. Anschließend verblieben die Sensorpartikel im Bad 2 mit $T_\mathrm{U} = 40{,}0$ °C. Die gemessenen Ausgleichskurven sind in Abbildung 3.13a dargestellt. Aus Abbildung 3.12 lassen sich für $\Delta T_\mathrm{U} = 4{,}7$ K die Kontaktzeiten, welche zu einer Signalerhöhung von $\Delta T_\mathrm{M} > 0{,}21$ K führen, für die Typen a, b und c zu 15 s, 2,1 s bzw. 1,9 s abschätzen. Der Vergleich mit den Ausgleichskurven in Abbildung 3.13b für den ersten Wechsel bestätigt diese Abschätzung. Während bei Typ c zum Zeitpunkt des Wechsels bei $t = 1{,}4$ s bereits eine Signalerhöhung $\Delta T_\mathrm{M} \approx 0{,}27$ K erreicht wird, ist für Typ b die Kontaktzeit von

1,4 s nicht ausreichend, und die Signalerhöhung entspricht nur einer Temperaturerhöhung von $\Delta T_{\mathrm{M}} \approx 0{,}05$ K. Durch die im Sensorgehäuse gespeicherte Energie wird jedoch auch für Typ b noch während des Wechsels von Bad 2 in Bad 1 bei $t = 2{,}6$ s eine ausreichende Signalerhöhung von $\Delta T_{\mathrm{M}} \approx 0{,}21$ K erreicht. Bei Typ a ist zu diesem Zeitpunkt noch keine Signalerhöhung messbar und der vorhandene Temperaturgradient kann noch nicht detektiert werden. Im weiteren Verlauf der Ausgleichkurven ist für die Typen b und c deutlich das durch den Wechsel zwischen den Bädern aufgeprägte Kurzzeitverhalten zu erkennen. Der gleitende Mittelwert ändert sich mit der trägen Charakteristik des Langzeitverhaltens.

(a)

(b)

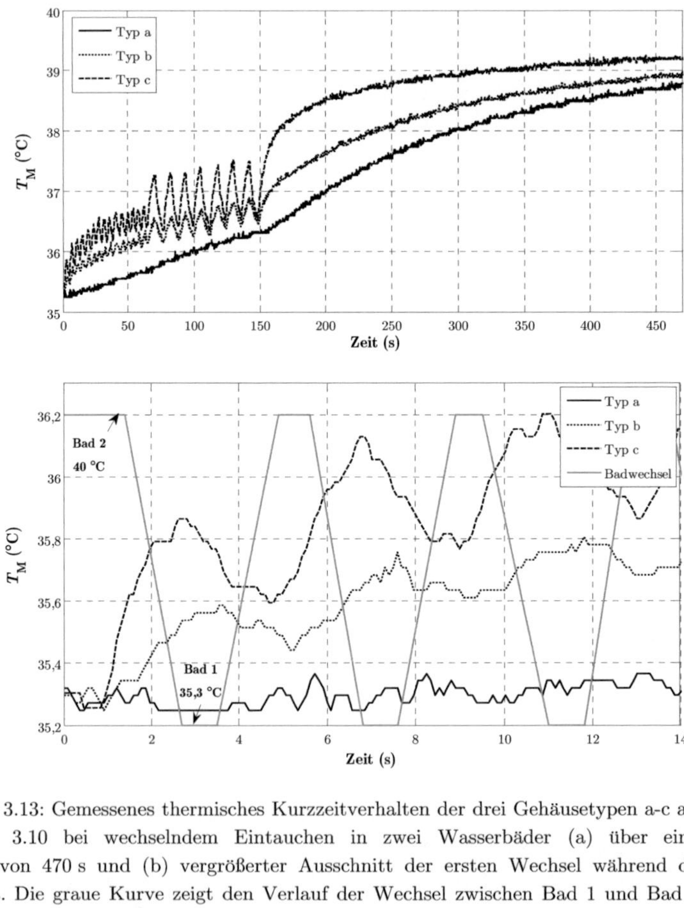

Abbildung 3.13: Gemessenes thermisches Kurzzeitverhalten der drei Gehäusetypen a-c aus Abbildung 3.10 bei wechselndem Eintauchen in zwei Wasserbäder (a) über einer Zeitdauer von 470 s und (b) vergrößerter Ausschnitt der ersten Wechsel während der ersten 14 s. Die graue Kurve zeigt den Verlauf der Wechsel zwischen Bad 1 und Bad 2. Nach dem Verbleib in Bad 2 bis $t = 1{,}4$ s wurden die Sensorpartikel in Bad 1 getaucht. Zum Wechseln wurden die Sensorpartikel kurzzeitig aus dem Bad gehoben und sofort in das benachbarte Bad eingetaucht.

3.1.5 Kalibrierung

Zur Kalibrierung der Temperaturmessfühler des Ensembles wurden die geöffneten Sensorpartikel ohne Deckel zusammen mit einem Referenzmessfühler in einem Klimaschrank platziert (Abbildung 3.14). Als Referenzmessfühler wurde ein Thermoelement vom Typ K mit einem Messwertaufnehmer (Typ HH506RA, Firma Omega) mit einer Auflösung von 0,1 K verwendet. Der Referenzmessfühler wurde zuvor mit einem Thermokalibrator (Calisto 2250S; DKD-Kalibrierung) mit einer erweiterten Messunsicherheit von $U_{\mathrm{Norm}} = 0{,}1$ K kalibriert. Das Thermoelement war in einem Sensorgehäuse in der Bohrung für einen Thermistor angebracht, um ein vergleichbares thermisches Einschwingverhalten der Referenz zu erhalten. Im Temperaturbereich von 10 °C bis 70 °C wurden bei $N = 9$ Temperaturwerten nach dem jeweiligen thermischen Einschwingvorgang die Kalibrierpunkte aufgenommen. Im Weiteren war damit der Temperaturgradient zwischen Sensorgehäuse, Messstelle und Elektronik vernachlässigbar, da sich ein thermisches Gleichgewicht eingestellt hatte. Die Abtastrate der Sensorpartikel betrug 2 Hz. Aus dem jeweiligen Zeitbereich im thermischen Gleichgewicht wurde der Mittelwert aus 500 digitalen Messwerten von U_{T} als Kalibrierwert herangezogen.

Abbildung 3.14: Kalibrieranordnung im Klimaschrank.

Da die systematischen Temperaturdrifts des Vorwiderstandes und der ADU-Kennlinie nicht mit der Kennlinie gemäß Gl. (3.7) modelliert werden, erfolgt die Regression der Kalibrierkennlinie mit einer Polynomgleichung 4. Ordnung mit $O = 5$ Koeffizienten gemäß

$$T_{\mathrm{U}} = k_4 \cdot x^4 + k_3 \cdot x^3 + k_2 \cdot x^2 + k_1 \cdot x + k_0 . \tag{3.13}$$

Die Variable x repräsentiert hier die digitalen Messwerte der Messspannung U_T in Bit-Werten (LSB). Die Koeffizienten k_m ($m = 0...4$) wurden mit der Methode der kleinsten Fehlerquadrate für jeden Temperaturmessfühler aus den gemessenen Kalibrierpunkten $[T^i_{Ref}, x^i]$ mit $i = 1...N$ bestimmt (Tabelle 3.4).
Die Varianz der Kalibrierfunktion ergibt sich aus der Abweichung an den Kalibrierpunkten:

$$s_K^2 = \frac{1}{N-O}\sum_{i=1}^{N}\left[T^i_{Ref} - T^i_U\right]^2 . \tag{3.14}$$

Tabelle 3.4: Koeffizienten k_0 - k_4 des Regressionspolynoms von Gl. (3.13) und Varianz s_K^2 der Kalibrierfunktion für die Temperaturmessung an den sechs Sensorpartikeln.

Sensorpartikel	k_4 ($K^4 \cdot LSB^{-4}$)	k_3 ($K^3 \cdot LSB^{-3}$)	k_2 ($K^2 \cdot LSB^{-2}$)	k_1 ($K \cdot LSB^{-1}$)	k_0 (K)	s_K^2 (K^2)
1	-2,67E-10	4,59E-07	-2,46E-04	-0,0632	105,7977	0,0080
2	-2,50E-10	4,17E-07	-2,08E-04	-0,0779	107,5972	0,0111
3	-2,87E-10	5,03E-07	-2,80E-04	-0,0531	104,6770	0,0151
4	-3,43E-10	6,30E-07	-3,81E-04	-0,0185	100,4756	0,0205
5	-3,42E-10	6,31E-07	-3,87E-04	-0,0150	99,9466	0,0188
6	-2,93E-10	5,13E-07	-2,85E-04	-0,0525	104,6932	0,0113

3.1.6 Messunsicherheitsbetrachtung

Die kombinierte Messunsicherheit u_{Tu} der Temperaturmessung wurde gemäß

$$u_{Tu}^2 = u_K^2 + u_c^2 + u_{Ref}^2 + u_{Norm}^2 \tag{3.15}$$

aus der Messunsicherheit u_K der Kalibrierkennlinie, der kombinierten Messunsicherheit u_c der Messung von U_T, der Messunsicherheit u_{Ref} des in der Kalibrierung verwendeten Referenztemperaturmessfühlers und der Messunsicherheit u_{Norm} des verwendeten Thermokalibrators ermittelt. Die Messunsicherheit der Kalibrierkennlinie

$$u_K^2 = s_K^2 \tag{3.16}$$

entspricht der Varianz der Kalibrierfunktion. Die kombinierte Messunsicherheit u_c der Messung von U_T wird entsprechend der Fortpflanzung der Unsicherheit nach [84],[85] aus der Ableitung der Kalibrierfunktion $T_U = f(x)$ und der quadratischen Summe u_x^2 der Messunsicherheiten für die Quantisierung, das ermittelte Signalrauschen, die Eigenerwärmung sowie den Leckstrom am ADU-Eingang ermittelt (Abschnitt 3.1.2):

$$u_c^2 = \left(\frac{dT_U}{dx}\right)^2 \cdot u_x^2 . \tag{3.17}$$

Die Messunsicherheit u_{Ref} des Referenzmessfühlers wird aus dem Wert für die Messauflösung ΔT_{Ref} des Messwertaufnehmers unter der Annahme einer Gleichverteilung der Abweichung bestimmt:

$$u_{Ref}^2 = \frac{1}{12} \cdot \left(\frac{\Delta T_{Ref}^2}{2}\right)^2 . \tag{3.18}$$

Die Messunsicherheit des zur Kalibrierung des Referenzmessfühlers verwendeten Thermokalibrators ist aus dessen Kalibrierzertifikat entnommen.

Die erweiterte Messunsicherheit U_{Tu} der Temperaturmessung wird gemäß

$$U_{Tu} = k \cdot u_{Tu} \tag{3.19}$$

mit u_{Tu} aus Gl. (3.15) und dem Erweiterungsfaktor $k = 2$ berechnet.

Die erweiterte Messunsicherheit U_{Tu} für die Sensorpartikel des Ensembles ist in Abbildung 3.15 dargestellt. Tabelle 3.5 zeigt die in die Unsicherheitsberechnung der Temperaturmessung eingehenden Messunsicherheiten für Sensorpartikel 4 mit der größten erweiterten Messunsicherheit von 0,51 K im Kalibrierintervall (U_{Tu} = 0,45 K im Intervall 20...60 °C). Damit ist die Anforderung an die Gesamtmessunsicherheit der Temperaturmessung erfüllt.

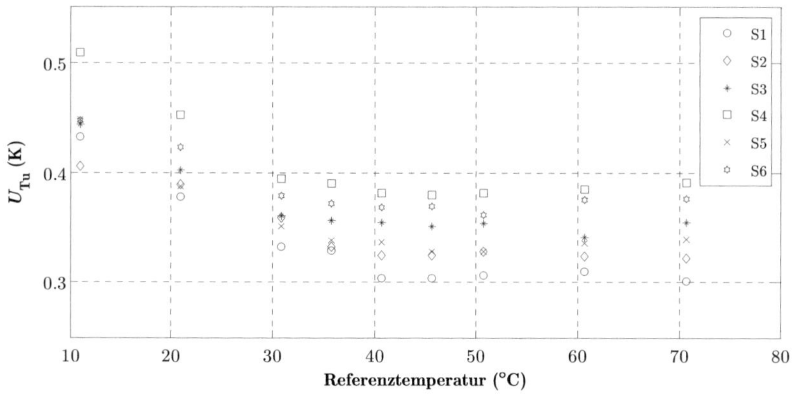

Abbildung 3.15: Darstellung der erweiterten Messunsicherheit U_{Tu} für ein Ensemble von sechs Sensorpartikeln über dem kalibrierten Temperaturbereich.

Tabelle 3.5: Messunsicherheitsbudget für die Temperaturmessung bei Sensorpartikel 4, das die größte Messunsicherheit im Kalibrierintervall 10...70 °C aufweist.

Messunsicherheitsquelle		Messunsicherheit in K	Typ
Kalibrierreferenz	u_{Ref}	0,014	B
Kalibrierung auf Normal	u_{Norm}	0,1	A
Quantisierung		0,024	B
Signalrauschen		0,168	A
Eigenerwärmung des Thermistors		0,032	B
Leckstrom am ADU-Eingang		0,064	B
	u_{c}	0,185	
Abweichung der Kalibrierkurve	u_{K}	0,143	A
Kombinierte Messunsicherheit	u_{Tu}	0,254	

3.2 Druckmessfühler

3.2.1 Auswahl geeigneter Messfühler

Die Erfassung des an der Oberfläche des Strömungsfolgers wirkenden hydrostatischen Drucks mit einem Druckmessfühler dient zur Abschätzung der Eintauchtiefe bzw. der vertikalen Position des Strömungsfolgers. Bei der Auswahl und der schaltungstechnischen Konfiguration des Druckmessfühlers im Hinblick auf die Integration in einen Strömungsfolger für Fermentationsprozesse sind deshalb folgende Eigenschaften von Bedeutung:

- *Gesamtmessunsicherheit* von $U_{\text{pu}} < \pm 491$ Pa bzw. $U_{\text{h}} < \pm 0{,}05$ mWS (Meter Wassersäule) im Temperaturbereich von 20...60 °C (erweitert 10...70 °C)
- *Messbereich* 100...200 kPa (ca. 0...10 mWS bei Füllhöhen von bis zu 10 m)
- *Gehäusebauform* (Edelstahlgehäuse und -membran, radiale oder axiale Dichtflächen), *Gehäusegröße* (kleiner als äquivalenter Partikeldurchmesser $d_p < 0{,}4 \ldots 10$ m) und *Gehäusemasse* (wenige Gramm) zur Integration in einen Strömungsfolger
- chemische und mechanische *Beständigkeit* des Sensorgehäuses
- geringer *Schaltungsaufwand* zur Ankopplung an die Erfassungselektronik
- geringer *Energieverbrauch* während der Messung sowie *Abschaltbarkeit*

Eine Anforderung an die tolerierbare Gesamtmessunsicherheit der vertikalen Position ist im Gegensatz zur Temperaturmessung nicht direkt gegeben. Deshalb wurden anwendungsspezifische Genauigkeitsgrenzen der vertikalen Position für den Einsatz der Strömungsfolger in Biogasfermentern von $U_{\text{h}} < \pm 0{,}125$ mWS und für die Validierung der Strömungsfolger in Technikumsanlagen von $U_{\text{h}} < \pm 0{,}05$ mWS abgeschätzt. Deren Ursprung wird nachfolgend erläutert. In Biogasfermentern sind die zu erwartenden Dichtetoleranzen feststoffbeladener Biosubstrate ein Anhaltspunkt für eine sinnvolle Toleranzgrenze der vertikalen Position. Dichtetoleranzen können durch Schwimm- oder Sinkschichten innerhalb der Flüssigkeitssäule und strömungsbedingte Schwankungen der Feststoffverteilung entstehen. Gesicherte Werte sind dafür nicht vorhanden. Bei typischen Feststoffgehalten von über 5% sind daher Dichtetoleranzen von etwa 50 kg·m^{-3}, also ca. 5% bezogen auf die Dichte von Wasser, durchaus realistisch. Diese Dichtetoleranzen sind praktisch nicht oder nur mit sehr hohem Aufwand räumlich erfassbar und können deshalb als sinnvolle Genauigkeitsgrenze angenommen werden. Bezogen auf typische Füllhöhen von $H_0 = 5$ m lässt sich daraus für Großanlagen eine Messunsicherheitsgrenze der über den gemessenen Druck bestimmten Eintauchtiefe h von $U_h < \pm 0{,}125$ mWS ableiten. Mit den kommerziell verfügbaren Druckmessfühlern ist die Einhaltung dieses Kriteriums unter Berücksichtigung aller Unsicherheitsquellen inklusive temperaturbedingter Drifteffekte ohne spezielle Maßnahmen möglich.

Für eine Validierung der Strömungsfolger in Labor- und Technikumsbehältern ist aufgrund der geringeren Füllhöhen jedoch ein engerer Messunsicherheitsbereich in Betracht zu ziehen. Hier sind Füllhöhen H_0 von etwa 1 m typisch. Hier erscheint eine obere Toleranz von 10% als realistisch, um noch verwertbare Höheninformationen zu erhalten. Daraus ergibt sich eine obere Grenze der Gesamtmessunsicherheit von $U_{pu} < \pm 491$ Pa bzw. $U_h < \pm 0{,}05$ mWS. Auch dieses Unsicherheitsniveau ist unter Anwendung geeigneter Kompensationsmaßnahmen des Druckmessfühlers erreichbar.

Die entscheidenden Komponenten eines Druckmessfühlers sind die Membran zur Übertragung der druckabhängigen Kraft auf einer definierten Fläche, das Sensorelement zur Erfassung dieser wirkenden Kraft und das Gehäuse zur Kapselung der empfindlichen Elemente. Das Feld der physikalischen Messprinzipien zur Erfassung des Drucks ist ausgesprochen weit. Im Hinblick auf die Anwendung des Druckmessfühlers zur Erfassung des hydrostatischen Drucks mit einem Strömungsfolger sind aus der Reihe der nutzbaren Messeffekte die elektrische Widerstandsänderung auf Grund von Dehnung (Dehnmessstreifen auf Metall (DMS)), der piezoresistive Effekt und die Kapazitätsänderung auf Grund mechanischer Biegung herauszustellen (Tabelle 3.6).

Bei kapazitiven Druckmessfühlern sind hohe Empfindlichkeiten und Genauigkeiten insbesondere in kleinen Druckbereichen erreichbar [80]. Zudem bieten kapazitive Druckmessfühler eine hohe thermische und mechanische Stabilität. Bedingt durch die hohe Marktabdeckung der klassischen Metall-DMS-basierten und der piezoresistiven Drucksensoren sind kapazitive Druckmessfühler jedoch überwiegend nur für Spezialanwendungen als teure Nischenprodukte verfügbar.

Die piezoresistiven Druckmessfühler bieten eindeutige Vorteile. Die Membran aus Silizium oder Keramik ist elastisch und verhindert Hysterese- und Kriecheffekte, die bei Metallmembranen aufgrund des duktilen Verhaltens auftreten können. Weiterhin ermöglicht die Dotierung des Halbleitermaterials das Einbringen der dehnungssensitiven Strukturen direkt in die Membran. Dadurch werden Verbindungsprobleme zwischen Sensorelement und Membran wie bei metallischen DMS gänzlich vermieden werden. Zudem ist der Dehnungsfaktor oder k-Faktor (Gauge Factor), der die Empfindlichkeit der Änderung des spezifischen Widerstandes des Materials kennzeichnet, für Silizium je nach Dotierung um ca. zwei Größenordnungen höher als bei typischen metallischen DMS, wie z. B. bei Konstantan mit $k \approx 2$. Weiterhin ist die Membran bei modernen piezoresistiven Druckmessfühlern durch ein Koppelmedium, wie z. B. Silikonöl, mit dem Gehäuse verbunden. Dadurch ist der sensitive Siliziumchip von mechanischen Gehäusespannungen entkoppelt. Hinsichtlich der mechanischen und elektrischen Eigenschaften, der Verfügbarkeit und der niedrigen Kosten sind piezoresistive Druckmessfühler im Edelstahlgehäuse für den Einsatz in einem Strömungsfolger den DMS-basierten und kapazitiven Druckaufnehmern vorzuziehen. Kompakte OEM-Druckaufnehmer in piezoresistiver Silizium-Halbleitertechnologie werden z. B. von den Firmen Keller AG und Pewatron bzw. Measurement Specialties angeboten.

Tabelle 3.6: Wesentliche Eigenschaften DMS-basierter, piezoresistiver und kapazitiver Druckmessfühler im Vergleich.

		DMS-basiert	**Piezoresistiv**	**Kapazitiv**
Messprinzip		ΔR durch Dehnung	ΔR durch Dehnung	ΔC durch Biegung
Membran		Metall duktil	Silizium elastisch	Keramik elastisch
Sensorelement	Verbindung	kleben/schweißen auf Membran	dotierte Membran	kleben/schweißen auf Membran
	Kapselung	chem. robust, mech. & therm. Verspannung	chem. robust, mech. entkoppelt	chem., therm. und mech. robust
	Empfindlichkeitswert	$k \approx 2$	$k \approx 100...200$	$\Delta C/C \approx 25\%$
Gehäuse	Material	Edelstahl	Edelstahl	Edelstahl
	Verfügbarkeit Miniatur-OEM	sehr niedrig	hoch	niedrig
Einsatz		aggressive Medien, breites Anwendungsfeld	aggressive Medien, breites Anwendungsfeld	aggressive Medien, Spezialanwendungen
Kosten		niedrig	niedrig/mittel	hoch

3.2.2 Eigenschaften und Betrieb des piezoresistiven Druckmessfühlers

Als Druckmessfühler für die Strömungsfolger werden piezoresistive OEM-Druckmessfühler mit einem robusten Edelstahlgehäuse (PAA-9S, Firma Keller Druckmesstechnik) eingesetzt (Abbildung 3.16). Die wesentlichen Eigenschaften der Messfühler aus dem Datenblatt [86] sind in Anhang C.2 enthalten. Der Druckmessfühler wird mit einer geschraubten Kappe dichtend mit dem Gehäuse des Sensorpartikels verbunden und hat durch eine Öffnung in der Kappe Kontakt zur Flüssigkeit. Somit ist der Messfühler vor mechanischen Einwirkungen geschützt und hat trotzdem eine direkte Ankopplung an den Prozess.

(a) (b) (c)

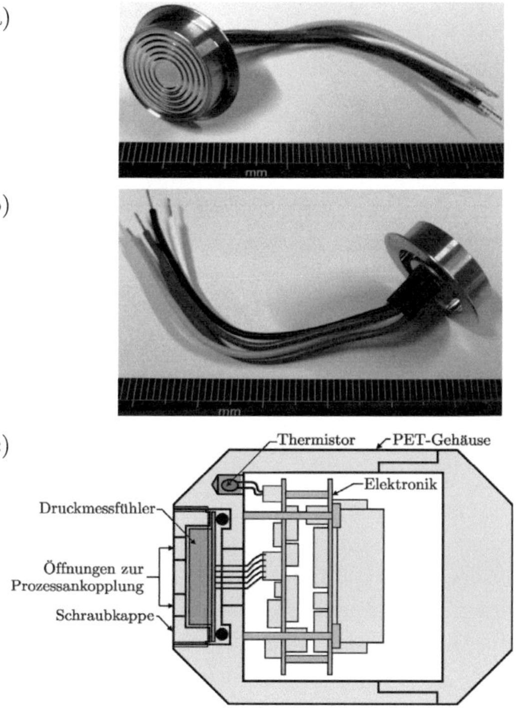

Abbildung 3.16: Druckmessfühler Typ PAA-9S (Keller Druckmesstechnik): (a) Vorderseite mit Edelstahlmembran, (b) Rückseite mit Kabelanschlüssen und (c) Einbausituation im Gehäuse des Sensorpartikels.

Der Druckmessfühler wird mit Konstantstrom gespeist. Die Schaltung wird über einen Ausgang des Mikrocontrollers an der Betriebsspannung U_B betrieben (Abbildung 3.17). Die Schaltung besteht aus der Konstantstromspeisung, dem Druckmessfühler sowie den optionalen Kompensationswiderständen, einem

Instrumentenverstärker und einem nachgeschalteten Tiefpass. Das analoge Ausgangssignal U_p der Druckmessung wird vom internen ADU des Mikrocontrollers digitalisiert. Die Kompensationswiderstände $R_1...R_5$ sind für jeden Messfühler entsprechend dem zugehörigen Kalibrierblatt des Herstellers ausgelegt.

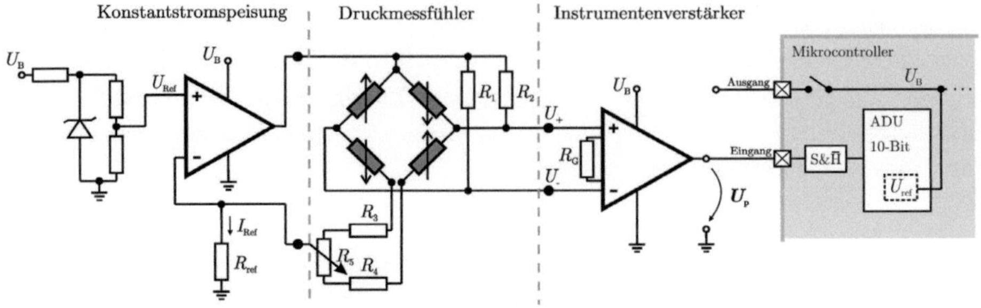

Abbildung 3.17: Beschaltung des Druckmessfühlers zur Erfassung der Messspannung U_p.

Die Membran des Druckmessfühlers enthält eine WHEATSTONEsche Brücke aus piezoresistiven Widerständen. Symmetrisch auftretende temperatur- und langzeitbedingte Drifteffekte der Widerstandswerte werden dadurch automatisch kompensiert.

Die piezoresistiven Wirkkoeffizienten der Halbleiterwiderstände weisen eine Temperaturabhängigkeit auf. Deshalb besteht eine Empfindlichkeitsdrift des Druckmessfühlers. Durch die Speisung der Messbrücke des Druckmessfühlers mit Konstantstrom wird der negative Temperaturkoeffizient der Empfindlichkeitsdrift durch den positiven Temperaturkoeffizient des Brückenwiderstandes ausgeglichen. Bei Konstantstromspeisung des Messfühlers ist entsprechend den Herstellerangaben mit einer verbleibenden temperaturbedingten Empfindlichkeitsdrift von max. 0,03 %/K zu rechnen. Bei einer Temperaturspanne von ±20 °C im Temperaturbereich 20…60 °C führt dies zu einer Drift von max. 1,2 kPa bzw. 0,12 mWS. Um die Genauigkeitsanforderung von $U_{pu} < \pm 491$ Pa bzw. $U_h < \pm 0{,}05$ mWS zu erreichen, ist deshalb eine Temperaturkalibrierung der Druckmessfühler notwendig.

Die temperaturbedingte Nullpunktverschiebung der Brückenspannung ist eine weitere potenzielle Unsicherheitsquelle. Diese entsteht durch abweichende Widerstandswerte in der Messbrücke, verschiedene Temperaturkoeffizienten der einzelnen Widerstände in der Messbrücke, die Änderung des Innendrucks im Gehäuse des Absolutdruckaufnehmers und temperaturveränderliche mechanische Spannungen des Siliziumblocks. Die Kompensation der Nullpunktabweichungen erfolgt durch die Kompensationswiderstände $R_1 - R_5$, die entsprechend der Angaben im Kalibrierdatenblatt des Herstellers dimensioniert sind [86].

Der Konstantstrom I_{Ref} wird mit dem Referenzwiderstand R_{Ref} eingestellt und ergibt sich aus der Referenzspannung U_{Ref} gemäß

$$I_{\text{Ref}} = \frac{U_{\text{Ref}}}{R_{\text{Ref}}}. \tag{3.20}$$

Der Strom ist auf den verfügbaren Aussteuerbereich des Operationsverstärkers von ca. 2,9 V abgestimmt. Hier ist auch die Temperaturabhängigkeit des Brückenwiderstandes von ca. 7,7 $\Omega\cdot K^{-1}$ berücksichtigt worden. Entsprechend den Angaben aus dem Datenblatt ergibt sich bei einer Temperatur von 70 °C der maximale Brückenwiderstand von 4550 Ω. Dementsprechend wurde ein Konstantstrom von nominell $I_{\text{Ref}} = 637{,}5$ µA eingestellt ($U_{\text{Ref}} = 113{,}5$ mV; $R_{\text{Ref}} = 178\ \Omega$). Damit ergibt sich eine Empfindlichkeit des Druckmessfühlers von 38 mV/bar. Die verbleibende Temperaturdrift des Konstantstromes I_{Ref} ist hinreichend gering (Abbildung 3.18). Die Drift wurde unter isothermen Bedingungen in einem Klimaschrank an stationären Temperaturpunkten gemessen (Datenlogger Keithley 2700/E). Die lineare Regression der Messdaten ergibt einen Temperaturkoeffizienten von 25 $nA\cdot K^{-1}$ bzw. 39,2 $ppm\cdot K^{-1}$, welcher die Einflüsse aller Komponenten der Konstantstromquelle abbildet. Ohne Kalibrierung ergibt sich daraus für die Druckmessung über dem Temperaturbereich von 10...70 °C eine Messunsicherheit von ±0,12% des Messwertes. Die verbleibende Drift der Konstantstromquelle von 39,2 $ppm\cdot K^{-1}$ ist jedoch prinzipiell durch eine Temperaturkalibrierung kompensierbar.

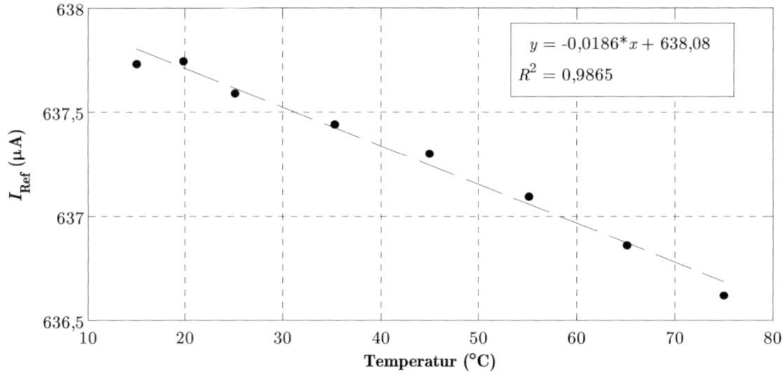

Abbildung 3.18: Gemessene Temperaturdrift der Konstantstromquelle.

Die Verstärkung des Instrumentenverstärkers $U_p/(U_+ - U_-)$ wurde auf den Bereich der Eingangsspannung des ADU (0...3,3 V) angepasst. Mit $R_G = 5{,}92$ kΩ ergibt sich gemäß

$$G = 5 + \frac{200\,\text{k}\Omega}{R_G} \tag{3.21}$$

eine Verstärkung von $G = 38{,}8$. Damit kann der gesamte Messbereich des Druckmessfühlers von 0...200 kPa bzw. 0...10 mWS erfasst werden.

Die Stör- bzw Schaltfrequenzen ($f > 50$ kHz) der Betriebsspannung U_B werden von der Verstärkerschaltung hinreichend bedämpft. Dies zeigt das unter Raumbedingungen ($T = 27$ °C; $p = 980$ mbar) gemessene Leistungsdichtespektrum der Messspannung U_p im Vergleich zum Spektrum der Betriebsspannung U_B (Yokogawa DL9705L Digital Oscilloscope) (Abbildung 3.19). Das *SNR* von U_p liegt gemäß Gl. (3.8) im Druckbereich 98...200 kPa zwischen 48 dB und 53 dB.

Zur genauen Bestimmung der Signalrauschamplitude der Druckmessung dienten die Messdaten der Temperaturkalibrierung. Für jeden eingestellten Temperaturpunkt wurde die Standardabweichung σ_{pu} aus 500 digitalen Einzelwerten, welche von jedem Sensorpartikel erfasst wurden, bestimmt. Die maximale Standardabweichung des Ensembles der Sensorpartikel im Temperaturbereich 10...70 °C beträgt $\sigma_{pu} = 0{,}82$ LSB. Diese wird in die Bilanzierung der Messunsicherheit der Druckmessung einbezogen.

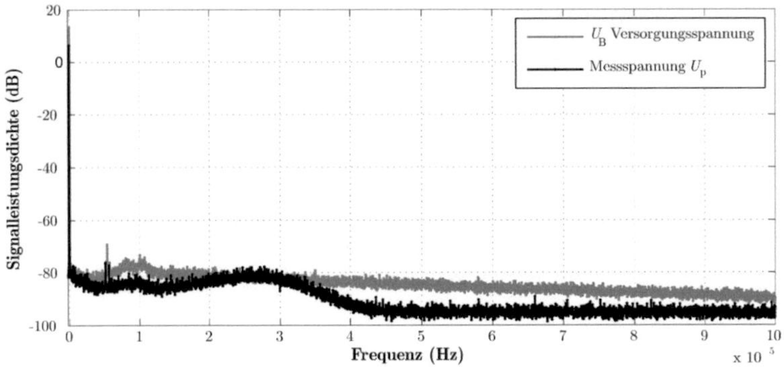

Abbildung 3.19: Leistungsdichtespektrum der Messspannung U_p im Vergleich zum Spektrum der Betriebsspannung U_B.

3.2.3 Bestimmung der Eintauchtiefe

Im Folgenden soll die vertikale Position bzw. die Eintauchtiefe h eines Strömungsfolgers, der sich mit einem strömenden homogenen Fluid bewegt, aus dem gemessenen Umgebungsdruck abgeschätzt werden. Dazu sind im allgemeinen Fall die Einflüsse der Position, des Drucks und der Bewegung im System, welche den Gesamtdruck bewirken, zu betrachten. Unter der vereinfachenden Annahme eines reibungsfrei strömenden idealen Fluids kann der wirkende Gesamtdruck p aus der BERNOULLIschen Gleichung berechnet werden:

$$p = p_0 + \rho_f \cdot g \cdot h + \frac{\rho_f}{2} \cdot v^2 . \tag{3.22}$$

Darin sind p_0 der statische Druck auf die Flüssigkeitsoberfläche, z. B. der Atmosphärendruck, $p_h = \rho_f \cdot g \cdot h$ der Schweredruck bzw. der hydrostatische Druck der

Flüssigkeitssäule und $p_s = \rho_f \cdot v^2/2$ der auf den Druckmessfühler durch die Relativgeschwindigkeit v zwischen Fluid und Strömungsfolger wirkende Staudruck sowie $g = 9{,}81\ \mathrm{m \cdot s^{-2}}$ die Schwerebeschleunigung und ρ_f die Fluiddichte.

Mit einem einzelnen Druckaufnehmer ist nur der Gesamtdruck p messbar. Der statische Druck p_0 und dessen zeitliches Verhalten ist während des Einsatzes des Strömungsfolgers separat zu messen, um auf die Eintauchtiefe schließen zu können. Wenn gesichert ist, dass p_0 während des Einsatzes des Strömungsfolgers konstant bleibt, genügt zur Bestimmung von p_0 eine Kalibriermessung des Strömungsfolgers an der Flüssigkeitsoberfläche. Damit kann p_0 im Weiteren kompensiert werden. Da ein Sensorpartikel auf Grund seiner Trägheit kein idealer Strömungsfolger mit $St_v = 0$ sein kann, bewirkt die Strömung des ihn umgebenden Fluids einen Staudruck am Druckmessfühler. In Abhängigkeit vom Strömungsregime ist zusätzlich zu dem quasistationären Wert mit einem Schwankungsanteil zu rechnen, der durch Turbulenzen und Strömungswirbel entstehen kann. Daher ist der Staudruck in diesem Zusammenhang als Quelle möglicher Messunsicherheiten zu betrachten, wobei die Relativgeschwindigkeit quadratisch eingeht. Im Verhältnis zum Gesamtvolumen eines Rührbehälters ist der Bereich im vom Rührer erzeugten Flüssigkeitsstrahl, in dem durch den Schlupf eines Strömungsfolgers ein signifikanter Staudruck entstehen kann, klein. Wenige Zentimeter entfernt von den Rührwerksblättern beträgt die Strömungsgeschwindigkeit bereits weniger als 50% der Umfangsgeschwindigkeit [64], [71] (Abbildung 2.18). Mit zunehmender Entfernung vom Rührwerk sinkt auch die Strömungsgeschwindigkeit im Rührerstrahl. Für die Anwendung im Biogasfermenter zeigt sich dies besonders gut am Beispiel eines schnelldrehenden Tauchmotorrührwerks. BREHMER et al. haben die entstehenden Strömungsprofile für Wasser und Maissilage anhand numerischer Berechnungen verglichen (Abbildung 3.20) [9]. Bei der Maissilage ($TS \approx 8\%$) entsteht durch das nicht-NEWTONsche Fließverhalten mit einer hohen effektiven Viskosität von mehr als 1 Pa·s ein besonders starker räumlicher Geschwindigkeitsgradient.

Die Untersuchungen in [9] zeigten für die Maissilage, dass die Geschwindigkeit v bereits bei einem axialen Abstand vom Rührwerk von ca. 0,7 m kleiner als $1\ \mathrm{m \cdot s^{-1}}$ und bei ca. 2,0 m kleiner als $0{,}3\ \mathrm{m \cdot s^{-1}}$ ist (Tabelle 3.7). Unter der Annahme, dass ein Strömungsfolger den Rührerstrahl kurzzeitig mit $\phi = 1$ passieren würde, wäre direkt am Rührwerk durch den hohen Staudruck auch eine sehr hohe Toleranz der Eintauchtiefe Δh von 11,5 mWS vorhanden (Annahme $\rho_f \approx 1010\ \mathrm{kg \cdot m^{-3}}$). In kurzer Entfernung vom Rührwerk bei ca. 0,7 m wäre Δh kleiner als 0,051 mWS und bei 2,0 m kleiner als 0,005 mWS.

Dieses Szenarium ist jedoch weitestgehend theoretischer Natur und betrifft nur das kurze Zeitfenster der Beschleunigung des Strömungsfolgers beim Passieren des Rührwerks. Praktisch hat der Strömungsfolger in Strömungsrichtung mit $\phi < 1$ eine von Null verschiedene Geschwindigkeit, bevor er das Rührwerk passiert, wodurch der Staudruck weitaus geringer ist.

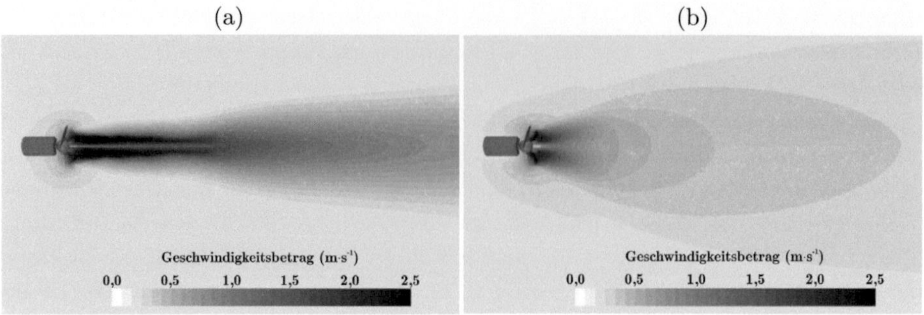

Abbildung 3.20: Numerisch berechnete Strömungsprofile eines Tauchmotorrührwerks (d_2 = 0,735 m, n = 375 min^{-1}) (a) in Wasser und (b) in Maissilage (aus [9]).

Tabelle 3.7: Abschätzung des maximalen Staudrucks p_s und der daraus resultierenden möglichen Toleranz Δh der Eintauchtiefe im Flüssigkeitsstrahl eines Tauchmotorrührwerks (Abbildung 3.20) in verschiedenen axialen Abständen vom Rührwerk.

Axialer Abstand im Rührerstrahl m	Strömungs-geschwindigkeit $m{\cdot}s^{-1}$	p_s am Druckmessfühler kPa	Resultierende Toleranz Δh mWS
0,0	15	114	11,5
>0,7	<1	<0,505	<0,051
>2,0	<0,3	<0,046	<0,005

Das Beispiel des Tauchmotorrührwerkes zeigt, dass der Staudruck nur in einem begrenzten und verhältnismäßig kleinen Volumenanteil von ca. 1% eines Biogasfermenters ($V_B > 1000\ m^3$), nämlich im unmittelbaren Bereich um schnelldrehende Rührwerke, als Unsicherheitskomponente in Betracht zu ziehen ist. Außerhalb dieses Bereichs gilt für das betrachtete Anwendungsfeld im Maßstab der Makrovermischung für den Staudruck in Gl. (3.22) $p_s << p_h$ bzw $p_s << p_0$ und der Staudruck kann vernachlässigt werden. Die Eintauchtiefe $h(t)$ des Strömungsfolgers kann unter der Annahme $p_s \approx 0$ aus dem gemessenen Umgebungsdruck $p(t)$ und dem statischen Druck $p_0(t)$ aus Gl. (3.22) bestimmt werden:

$$h(t) = \frac{p(t) - p_0(t)}{\rho_f \cdot g}. \tag{3.23}$$

Dennoch sind diese Annahmen in Bezug auf die Größe und die Form des jeweiligen Strömungsfolgers, die Eigenschaften des Druckmessfühlers und die tatsächlichen Strömungsbedingungen im Prozess zu prüfen.

Eine Korrektur von durch Staudruckeffekten beeinflußten Druckdaten ist prinzipiell durch die gemessene Beschleunigung möglich. Anhand von a priori Wissen über den Aufbau der jeweiligen Anlage ist klar, dass die maximalen Beschleunigungswerte nur im Rührerbereich auftreten können. Durch eine Schwellwertbetrachtung der Beschleunigung können die gemessenen Zeitreihen des Drucks bzw. der Eintauchtiefe im Bereich der maximalen Beschleunigungswerte nachträglich gefiltert werden, um den Einfluss des Staudrucks auch für diese Bereiche zu korrigieren.

3.2.4 Kalibrierung

Zur Kompensation der temperaturbedingten Driften der Konstantstromquelle und der Empfindlichkeit sowie der Nullpunktabweichung des Druckmessfühlers, des Instrumentenverstärkers und des ADU wurde eine Kalibrierung durchgeführt.

Die Sensorpartikel befanden sich zur Kalibrierung in einem mit Wasser befüllten Druckgefäß, welches selbst in einem Temperaturbad eingetaucht war (Abbildung 3.21). Der Referenzdruck p_{Ref} wurde mit einem digitalen Druckregler (Typ DPI510, Firma Druck) vorgegeben und lag im Bereich des Absolutdrucks bei $p_{\mathrm{U}} = 98...158$ kPa (ca. 0...60 kPa Überdruck). Der atmosphärische Luftdruck wurde mit einem digitalen Barometer (Typ W636, Firma Ventus) erfasst. Die Thermoelemente TE1 und TE2 (Typ K; Messwertaufnehmer Typ HH506RA, Firma Omega) im Druckgefäß bzw. im Bad dienten zur Kontrolle der Stationarität des thermischen Ausgleichzustandes für die Temperaturpunkte. Der verwendete Aufbau zur Temperierung ermöglicht einen Temperaturbereich von 15...70 °C. Die Kalibrierung erfolgte an vier Druckpunkten, wobei für jeden eingestellten Druck im Druckgefäß die Abkühlkurve, ausgehend von einer Temperatur von 70 °C, über ca. 6 h gemessen wurde. Aus der Abkühlkurve wurden jeweils 11 Temperaturpunkte ausgewählt, an denen das Signal von TE1 einen konstanten Wert zeigte. Ingesamt wurden $N = 44$ Kalibrierpunkte gemessen.

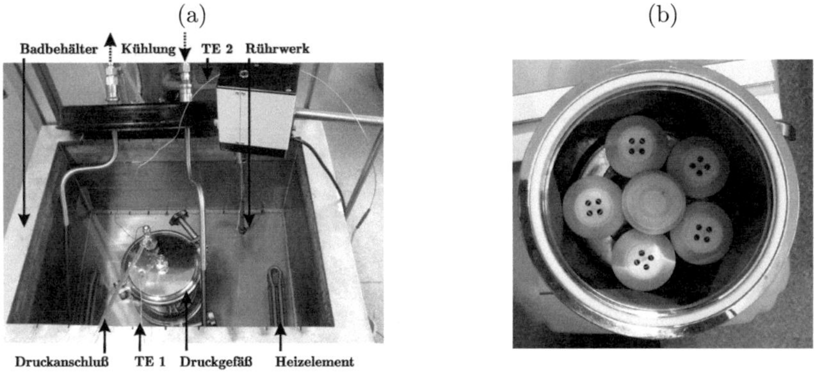

Abbildung 3.21: (a) Laboraufbau zur Druckkalibrierung im Badbehälter und (b) geöffnetes Druckgefäß mit den Sensorpartikeln.

Die Abtastrate der Sensorpartikel betrug 2 Hz. Aus dem jeweiligen stationären Zeitbereich der Abkühlkurve wurden die Mittelwerte aus 50 digitalen Messwerten der mit den Sensorpartikeln erfassten Signale U_p bzw. U_T als Kalibrierwerte herangezogen.

Für die zweidimensionale Kalibrierung wurde eine Regressionsfunktion mit $K = 4$ Koeffizienten verwendet:

$$p_\mathrm{U} = a_3 \cdot x + a_2 \cdot T_\mathrm{U} + a_1 \cdot x \cdot T_\mathrm{U} + a_0\,. \tag{3.24}$$

Die Variable x repräsentiert hier die digitalen Messwerte der Messspannung U_p in Bit-Werten (LSB). Die Temperatur T_U wird für jeden Sensorpartikel aus der Temperaturkalibrierung nach Gl. (3.13) aus U_T bestimmt. Die Koeffizienten a_m ($m = 0\ldots3$) wurden mit der Methode der kleinsten Fehlerquadrate für jeden Druckmessfühler aus den gemessenen Kalibrierpunkten $[p^i_\mathrm{Ref}, T^i_\mathrm{U}, x^i]$ mit $i = 1\ldots N$ bestimmt (Tabelle 3.8). Die resultierende Kalibrierfunktion ist beispielhaft für Sensorpartikel 1 in Abbildung 3.22 dargestellt. Die Varianz der Kalibrierfunktion wird dabei aus der Abweichung an den Kalibrierpunkten bestimmt:

$$s^2_\mathrm{K,p} = \frac{1}{N-K}\sum_{i=1}^{N}\left[p^i_\mathrm{Ref} - p^i_\mathrm{U}\right]^2\,. \tag{3.25}$$

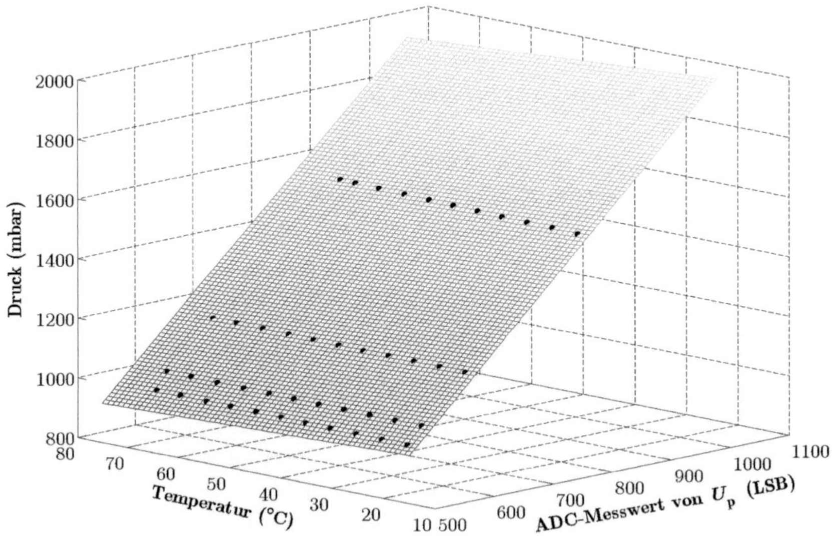

Abbildung 3.22: Kalibrierfunktion $p_\mathrm{U} = f(x, T_\mathrm{U})$ aus Gl. (3.24) als farbige Fläche für interpolierte Werte von x und T_U zusammen mit den $N = 44$ Kalibrierpunkten für Sensorpartikel 1.

Tabelle 3.8: Koeffizienten der Regressionsgleichung (3.24) für die Druckmessung an den sechs Sensorpartikeln des Ensembles.

Sensorpartikel	a_3 $(\mathrm{Pa{\cdot}LSB^{-1}})$	a_2 $(\mathrm{Pa{\cdot}K^{-1}})$	a_1 $(\mathrm{Pa{\cdot}(LSB{\cdot}K)^{-1}})$	a_0 (Pa)	$s^2_{\mathrm{K,p}}$ $(\mathrm{Pa^2})$
1	203,5308	5,9751	-0,1127	-4861,21	10178,37
2	212,2445	9,0084	-0,1146	-8707,76	17644,91
3	205,1224	-0,5695	-0,1049	-3534,14	5030,07
4	202,7310	-17,8131	-0,1105	-6555,01	11303,79
5	209,4716	18,7189	-0,1134	-6282,90	16099,51
6	204,6237	-14,7239	-0,1160	-4384,67	8713,14

3.2.5 Messunsicherheitsbetrachtung

Die kombinierte Messunsicherheit u_{pu} der Druckmessung wurde gemäß

$$u^2_{\mathrm{pu}} = u^2_{\mathrm{K,p}} + u^2_{\mathrm{c,p}} + u^2_{\mathrm{Ref,p}} + u^2_{\mathrm{Norm,p}} \tag{3.26}$$

aus der Messunsicherheit $u_{K,\mathrm{p}}$ der Kalibrierkennlinie, der kombinierten Messunsicherheit $u_{\mathrm{c,p}}$ der Messung von U_{p}, der Messunsicherheit $u_{\mathrm{Ref,p}}$ des in der Kalibrierung verwendeten Druckreglers (DPI510) und der erweiterten Messunsicherheit $u_{\mathrm{Norm,p}}$ des verwendeten Druckkalibrators (Unomat MCX-PM) ermittelt. Die Messunsicherheit der Kalibrierkennlinie

$$u^2_{\mathrm{K,p}} = s^2_{\mathrm{K,p}} \tag{3.27}$$

entspricht der Varianz der Kalibrierfunktion. Die kombinierte Messunsicherheit $u_{\mathrm{c,p}}$ der Messung von U_{p} wird entsprechend der Fortpflanzung der Unsicherheit nach [84],[85] aus den partiellen Ableitungen der Kalibrierfunktion $p_{\mathrm{U}} = f(x, T_{\mathrm{U}})$, der quadratischen Summe $u^2_{\mathrm{x,p}}$ der Messunsicherheiten für die Quantisierung und das ermittelte Signalrauschen sowie der nach (3.15) ermittelten Messunsicherheit der Temperaturmessung u_{Tu} berechnet:

$$u^2_{\mathrm{c,p}} = \left(\frac{dp_{\mathrm{U}}}{dx}\right)^2 \cdot u^2_{\mathrm{x,p}} + \left(\frac{dp_U}{dT_U}\right)^2 \cdot u^2_{\mathrm{Tu}}\,. \tag{3.28}$$

Der Druckregler wurde mit dem Druckkalibrator (Unomat MCX-PM) kalibriert und weist eine maximale Abweichung von $\Delta p_{\mathrm{Ref}} = 55$ Pa auf. Daraus folgt gemäß

$$u^2_{\mathrm{Ref,p}} = \Delta p_{\mathrm{Ref}}{}^2 \tag{3.29}$$

die verbleibende Messunsicherheit der Druckreferenz. Die Messunsicherheit $u_{\mathrm{Norm,p}}$ des für den zur Kalibrierung des Druckreglers verwendeten Kalibrators ist aus dessen Kalibrierzertifikat entnommen.

Die erweiterte Messunsicherheit U_{pu} der Druckmessung wird gemäß

$$U_{pu} = k \cdot u_{pu} \tag{3.30}$$

mit u_{pu} aus Gl. (3.26) und dem Erweiterungsfaktor $k = 2$ berechnet. Die Maximalwerte der erweiterten Messunsicherheit U_{pu} des Sensorensembles im Temperaturbereich 15...70 °C sind für die kalibrierten Druckpunkte in Abbildung 3.23 dargestellt. Tabelle 3.9 zeigt die in die Unsicherheitsberechnung der Druckmessung eingehenden Messunsicherheiten für Sensorpartikel 2, der im Kalibrierbereich die größte Messunsicherheit zeigte. Die maximale erweiterte Messunsicherheit beträgt hier $U_{pu} = 457{,}5$ Pa bzw. $U_h = 0{,}0449$ mWS. Damit ist die Anforderung an die Gesamtmessunsicherheit der Druckmessung erfüllt. Vermerkt werden muss aber, dass der Staudruck und Dichteunterschiede der Flüssigkeit zu weiteren Messunsicherheiten führen können.

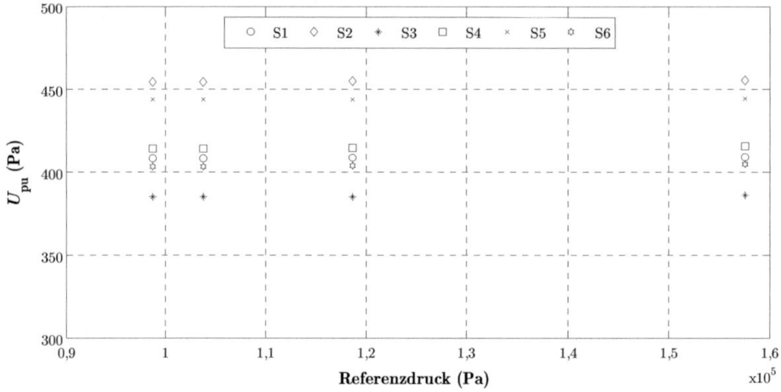

Abbildung 3.23: Maximalwerte der erweiterten Messunsicherheiten U_{pu} für die Druckmessung im Temperaturbereich 15...70 °C für die kalibrierten Druckpunkte der sechs Sensorpartikel des Ensembles.

Tabelle 3.9: Messunsicherheitsbudget für die Druckmessung mit Sensorpartikel 2 im Kalibrierintervall der Temperatur (15...70 °C) und des Drucks (98...158 kPa).

Messunsicherheitsquelle		Messunsicherheit in Pa	Typ
Kalibrierreferenz	$u_{Ref,p}$	55,0	B
Kalibrierung auf Normal	$u_{Norm,p}$	12,0	A
Quantisierung		30,3	B
Signalrauschen		172,5	A
Temperaturmessung mit NTC		20,7	A
	$u_{c,p}$	176,3	
Abweichung der Kalibrierkurve	$u_{K,p}$	132,9	A
Kombinierte Messunsicherheit	u_{pu}	228,8 Pa	
	u_h	0,0224 mWS	

3.3 Beschleunigungsmessfühler

3.3.1 Auswahl geeigneter Messfühler

Die Erfassung der Beschleunigung des Strömungsfolgers dient zur Erkennung von charakteristischen Bewegungsmustern und Frequenzen sowie zur Erkennung von Lagerveränderungen während der Bewegung mit dem strömenden Fluid. Es ist im Rahmen der Arbeit nicht das Ziel, eine Verfolgung der Bewegungstrajektorie, wie es mit einer Inertialmesseinheit (IMU) möglich ist, zu realisieren. Daher sind auch keine hohen Anforderungen an die Genauigkeit und Drift der Beschleunigungsmessung zu stellen. Zur Abschätzung des erforderlichen Messbereiches wird folgendes Beispiel herangezogen. Es wird angenommen, dass der für den Rührprozess relevante Maximalbetrag der Beschleunigung des Strömungsfolgers bei dem Passieren des Rührwerks an dessen Umfang auftritt. Schläge durch das Rührwerk werden als nicht prozessrelevant erachtet, sind jedoch als Beanspruchung zu berücksichtigen. Die Maximalbeschleunigung $a_{\text{max}} = v_{\text{u}}/\tau_p$ des im Fluid befindlichen Strömungsfolgers ergibt sich aus dessen Geschwindigkeitsänderung auf die Umfangsgeschwindigkeit v_{u} des Rührwerks innerhalb der Partikelrelaxationszeit τ_p (Tabelle 3.10). Beispielhaft wird ein für Biogasfermenter typisches Propellerrührwerk mit dem Durchmesser $d_2 = 1{,}5$ m und der Drehzahl $n = 100$ min^{-1} ($v_{\text{u}} \approx 8$ m·s^{-1}) angenommen. Für die in Abschnitt 2.2.4 ermittelten Partikeldurchmesser von ca. 1…10 cm ist demnach ein maximaler Messbereich der Beschleunigung von –144 … +144 g erforderlich. Als realistische Baugröße des Strömungsfolgers hat sich jedoch $d_p \approx 5$ cm erwiesen. Damit erscheint ein Messbereich von –6…+6 g als sinnvoll. Als Abschätzung der erforderlichen Bandbreite wird die Frequenz $2/\tau_p$ angenommen. Damit ist für einen Strömungsfolger mit $d_p \approx 5$ cm eine Bandbreite der Beschleunigungsmessung von etwa 14 Hz erforderlich. Zur Erkennung sehr langsamer Lageveränderungen, wie z. B. beim Aufwirbeln vom Behälterboden oder während des Absaugens vom Flüssigkeitsspiegel, ist die Erfassung sehr niedriger Frequenzen und des Gleichanteils von Bedeutung. Weiterhin ist aufgrund der freien Beweglichkeit des Strömungsfolgers die Erfassung der Beschleunigung in allen drei Raumachsen notwendig, um die Dynamik des Strömungsprozesses unabhängig von der Sensorlage abbilden zu können.

Tabelle 3.10: Abschätzung der maximalen Beschleunigung a_{max} eines Sensorpartikels in einem hochviskosen Substrat ($\mu_{\text{eff}} = 1$ Pa·s) in Abhängigkeit vom Partikeldurchmesser d_p.

d_p cm	τ_p ms	$1/\tau_p$ Hz	a_{max} m·s^{-2}	a_{max}/g -
1	6	180	1414	144
5	140	7	57	5,8
10	540	2	15	1,5

Zusammenfassend sind bei der Auswahl des Beschleunigungsmessfühlers im Hinblick auf die Integration in einen Strömungsfolger für gerührte Fermenter folgende Eigenschaften von Bedeutung:

- *Messbereich* –6...+6 g
- Erfassung der Beschleunigung auf allen drei *Raumachsen*
- *Schockresistenz* gegenüber Schlägen von Rührwerken
- *Frequenzbereich* 0…14 Hz
- *Temperaturbereich* 10…70 °C
- *SMD-Gehäuse* zur Montage auf dem Leiterkartenmodul der Erfassungselektronik
- geringer *Schaltungsaufwand* zur Ankopplung an die Erfassungselektronik
- geringer *Energieverbrauch* während der Messung sowie *Abschaltbarkeit*

Unter Berücksichtigung der genannten Eigenschaften erscheinen piezoresistive und kapazitive Beschleunigungsmessfühler in MEMS-Technologie besser geeignet als klassische piezoelektrische Beschleunigungsmessfühler (Tabelle 3.11). Letztere bieten große Bandbreiten von bis zu 50 kHz und hohe Schockresistenzen von bis zu $\pm 1 \cdot 10^5$ g. Jedoch sind Frequenzen unter 0,5 Hz nicht messbar. Zudem sind piezoelektrische Beschleunigungsmessfühler kaum in SMD-Gehäusen verfügbar. Piezoresistive Beschleunigungsmessfühler werden häufig direkt in rauen mechanischen und thermischen Umgebungen, wie bei Schlag- und Waffentests, eingesetzt und werden kaum in kompakten SMD-Gehäusen angeboten. Kapazitive Beschleunigungsmessfühler haben im Bereich der Fahrsimulation und der Unterhaltungselektronik (Smart-Phones, Spielkonsolen) einen hohen Marktanteil erreicht. Die bei den Herstellern verfügbaren Sensor-ICs sind für die Integration in mobile und batteriebetriebene Geräte konzipiert. Daher werden für den Einsatz in Strömungsfolgern kapazitive Beschleunigungsmessfühler favorisiert. Hersteller von kapazitiven MEMS-Beschleunigungsmessfühlern sind z. B. Analog Devices und STMicroelectronics.

Tabelle 3.11: Vergleich typischer piezoelektrischer, piezoresistiver und kapazitiver Beschleunigungsmessfühler (nach [87]).

		Piezoelektrisch	**Piezoresistiv**	**Kapazitiv**
Frequenzbereich	Hz	$5 \cdot 10^{-1} \ldots 5 \cdot 10^4$	$0 \ldots 1 \cdot 10^4$	$0 \ldots 1 \cdot 10^3$
Messbereich	[g]	$1 \cdot 10^{-6} \ldots 1 \cdot 10^5$	$1 \cdot 10^{-3} \ldots 1 \cdot 10^5$	$5 \cdot 10^{-5} \ldots 1 \cdot 10^3$
Shockresistenz	[g]	$\pm 1 \cdot 10^5$	$\pm 1 \cdot 10^5$	$\pm 1 \cdot 10^4$
Anwendung		Fallversuche Vibration Seismologie	Crash-Test Schlagtest Flugzeugtest	Fahrsimulation Airbag Unterhaltungselektronik

3.3.2 Eigenschaften und Betrieb des Beschleunigungsmessfühlers

Zur Beschleunigungsmessung wird ein 3-Achsen Inertialsensor vom Typ LIS3LV02DL (STMicroelectronics) verwendet. Dies ist ein kapazitiver Beschleunigungsaufnehmer, der in MEMS-Technologie ausgeführt ist. Der Beschleunigungssensor ist ein vollintegrierter Schaltkreis mit einer internen Signalvorverarbeitung, Digitalisierung und Kalibierung für die Beschleunigung in allen drei Raumachsen. Die Parametrierung und der Transfer der digitalisierten Messwerte erfolgen über eine I^2C-Schnittstelle. Der Beschleunigungssensor besitzt bei einer Versorgung mit 3,3 V die in Anhang C.3 enthaltenen mechanischen und elektrischen Eigenschaften aus dem Datenblatt [88].

Der Beschleunigungssensor wurde ohne weitere Anpassungen in die Erfassungselektronik eingebunden. Über eine Interrupt-Leitung kann die Überschreitung eines parametrierbaren Schwellwertes der Beschleunigung detektiert werden. Diese Funktion wurde jedoch bisher nicht genutzt.

Durch die Anordnung des Beschleunigungssensors auf dem Leiterkartenmodul ergibt sich eine feste Zurordnung der Beschleunigungsachsen zur Gehäusekapsel des Sensorpartikels (Abbildung 3.24). Dabei verlaufen die z-Achse des Beschleunigungssensors und die Zylinderachse der Gehäusekapsel annähernd parallel. Durch die verschobene Lage des Volumen- und Masseschwerpunktes des Sensorpartikels ergibt sich eine Vorzugslage in Bezug auf das Schwerefeld. Daraus resultiert bei ruhendem Fluid ein Offset der absoluten Beschleunigung a_z von ca. 1 g durch das Schwerefeld.

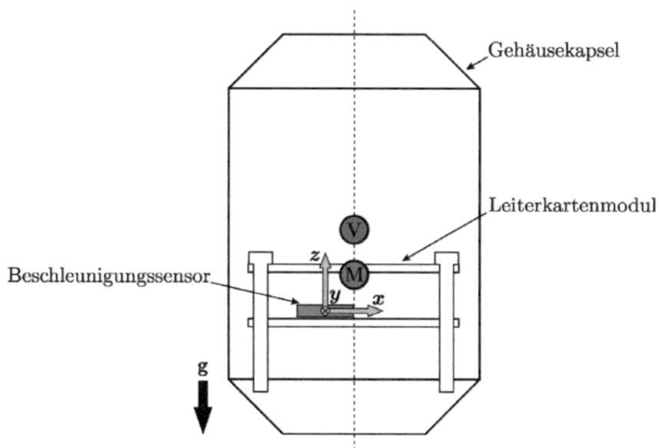

Abbildung 3.24: Schematische Darstellung der Achsenorientierung des Beschleunigungssensors in Bezug auf die Gehäusekapsel des Sensorpartikels. Durch die verschobene Lage des Volumen- (V) und Masseschwerpunktes (M) des Sensorpartikels ergibt sich die eingezeichnete Vorzugslage in Bezug auf das Schwerefeld.

4 Systemlösung der Strömungsfolger

In diesem Kapitel werden die Komponenten des entwickelten Sensorpartikels, der als instrumentierter Strömungsfolger verwendet wird, vorgestellt. Weiterhin werden die wesentlichen Leistungsparameter der Erfassungselektronik diskutiert.

4.1 Überblick über den konzeptionierten Strömungsfolger

Jeder Strömungsfolger besitzt miniaturisierte Messfühler für die physikalischen Basisparameter *Umgebungstemperatur*, *Eintauchtiefe* bzw. die vertikale Position als Funktion des hydrostatischen Drucks und *3D-Beschleunigung*. Zur Erfassung der Signale der Messfühler ist eine Messelektronik mit einem Datenspeicher und einer autarken Energieversorgung vorgesehen. Diese Komponenten sind in eine robuste und auftriebsvariable Gehäusekapsel eingebettet (Abbildung 4.1).

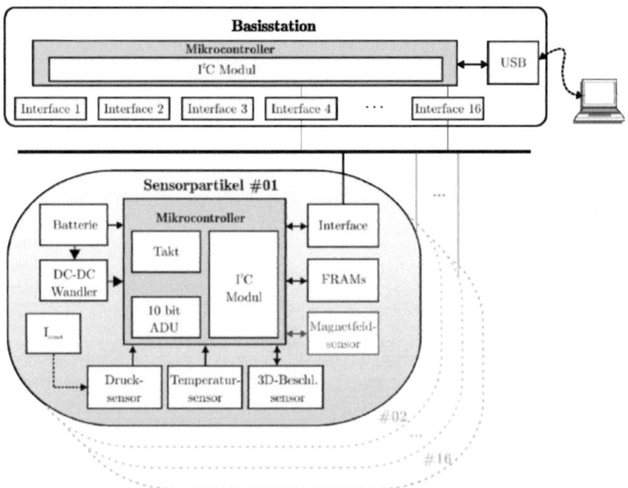

Abbildung 4.1: Blockschaltbild des konzeptionierten Strömungsfolgers mit Basisstation zur Erfassung räumlich verteilter Prozessparameter.

Die Basisstation ermöglicht die Parametrierung eines Ensembles von maximal 16 Strömungsfolgern und die Übertragung der Messdaten nach deren Rückgewinnung aus dem Prozess an einen PC. Das Systemkonzept der Strömungsfolger ist flexibel gestaltet, um die Einbindung ergänzender miniaturisierter Messfühler zur Erfassung weiterer analytischer Prozessparameter, wie z. B. des pH-Wertes, der Konzentration von Gelöstsauerstoff, biochemischer Parameter oder des Gasgehaltes, und zusätzlicher Lage- und Positionssensoren, wie z. B. Magnetfeldsensoren und Gyroskope, zu ermöglichen.

4.2 Aufbau der Erfassungselektronik

4.2.1 Verarbeitungseinheit

a. Mikrocontroller

Als zentrale Verarbeitungseinheit dient ein energieeffizienter 8-Bit-Mikrocontroller (Firma Microchip, Typ PIC18LF4420). Der Mikrocontroller

- übernimmt das Energiemanagement im autonomen Messregime,
- führt die Messwerterfassung, die Datenvorverarbeitung und die Datenspeicherung durch,
- empfängt die Konfigurationsdaten von der Basisstation und
- konfiguriert die Messfühler, den Datenspeicher und das Messregime.

Der Mikrocontroller verfügt über einen internen ADU zur Digitalisierung analoger Spannungssignale, mehrere Timer-Module zur Zeitsteuerung von Programmabläufen und ein serielles Bus-Modul zur Kommunikation mit externen ICs über SPI bzw. I²C (Abbildung 4.2). Zudem bietet der Mikrocontroller die Möglichkeit, in einem Schlafmodus (*Sleep-Mode*) nicht verwendete Systemkomponenten, wie z. B. die ALU, die Timer-Module und das ADU-Modul, auszuschalten. Weiterhin ist beim Wechsel zwischen dem normalen Betriebsmodus (*RC-Run*, interner Oszillator 1 MHz) und dem Schlafmodus (*Sleep-Mode*, externer Uhrenquarz 32,768 kHz) der Übergang zwischen Taktsignalen möglich, was den Energieverbrauch verringert.

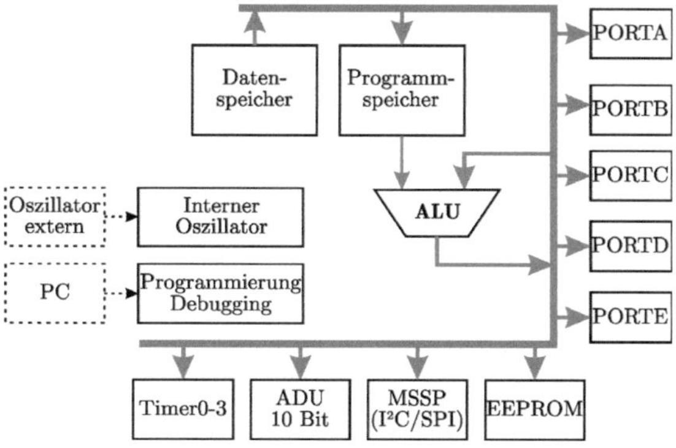

Abbildung 4.2: Vereinfachtes Blockschaltbild des Mikrocontrollers PIC18LF4420 (Microchip).

b. Autonomes Messregime

Das autonome Messregime ist in der *Firmware* des Mikrocontrollers enthalten. Die Firmware wurde in *Assembler*-Code implementiert, um die zeitkritischen Abläufe genau steuern zu können. Das autonome Messregime wird aus der Hauptroutine des Mikrocontrollers gestartet und durch den Timer-Interrupt des Mikrocontrollers gesteuert. Die Programmablaufpläne des Hauptprogrammes und der Timer-ISR sind in Abbildung 4.3 enthalten. Nach der Initialisierung des Mikrocontrollers erfolgt die Parametrierung des Messregimes von der Basisstation aus. Wird der autonome Messmodus gestartet, erfolgt zunächst die Umschaltung des Taktsignales vom internen Oszillator (1 MHz) auf den Takt des externen Uhrenquarzes (32,768 kHz). Danach wechselt auch der Mikrocontroller in den Schlafmodus. Danach wird entsprechend der Parametrierung des Timer-Intervalles die Interrupt-Service-Routine ausgeführt.

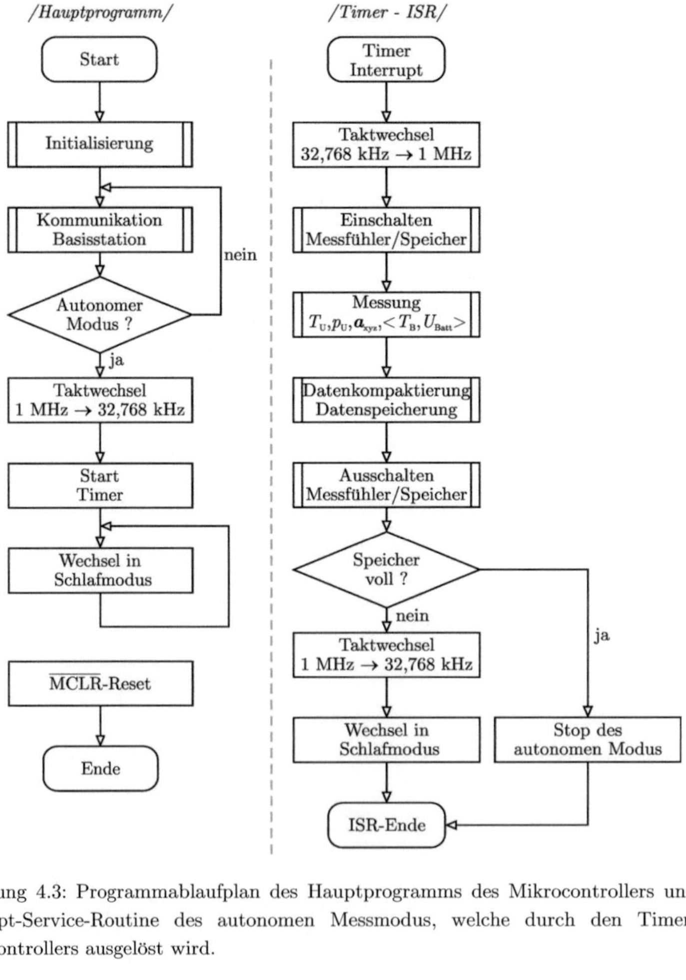

Abbildung 4.3: Programmablaufplan des Hauptprogramms des Mikrocontrollers und der Interrupt-Service-Routine des autonomen Messmodus, welche durch den Timer des Mikrocontrollers ausgelöst wird.

Wird der Interrupt ausgelöst, wechselt der Mikrocontroller vom Schlaf- in den Betriebsmodus und schaltet den Takt auf den internen Oszillator um. Nach dem Einschalten der Messfühler und des Speichers, werden die Signale der Messfühler erfasst. Vor der Speicherung des Messdatensatzes werden die digitalen Werte komprimiert. Nach der Abschaltung der Komponenten erfolgt die Abfrage des verbleibenden Speichervolumens. Ist der Speicher voll, wird das Messregime gestoppt. Wenn genügend Speicherplatz für einen weiteren Messdatensatz vorhanden ist, schaltet der Mikrocontroller den Takt auf den Uhrenquarz um und kehrt in den Schlafmodus zurück. Diese Abfolge wird wiederholt, bis kein weiteres Speichervolumen verbleibt oder der Mikrocontroller zurückgesetzt wird.

Die Dauer des Betriebsmodus beträgt bei der Konfiguration zur Messwerterfassung aller vorgesehenen Messfühler, also für den Druck, die Umgebungstemperatur, die Beschleunigung, die Innentemperatur und die Batteriespannung maximal $\Delta t_B = 35$ ms. Damit werden Abtastraten $f \leq 29$ Hz erreicht. Höhere Abtastraten sind ohne den Wechsel zwischen Schlaf- und Betriebsmodus möglich.

c. Genauigkeit der Zeitbasis

Die Zeitsteuerung des autonomen Messregimes basiert auf dem Taktsignal eines Uhrenquarzes (FOX Typ FSX) mit einer Grundfrequenz von 32768 Hz. Der Uhrenquarz weist eine Toleranz der Frequenz von ±20 ppm, eine Alterung von ±3 ppm und eine Temperaturdrift von

$$\frac{\Delta f}{f} = -0{,}04 \cdot 10^{-6} \cdot \left(T - T_0\right)^2 \tag{4.1}$$

mit $T_0 = 25$ °C auf. Die zu erwartenden maximalen Abweichungen der Zeitbasis und die resultierenden absoluten Zeittoleranzen für die Laufzeiten von einer Stunde und einem Tag sind in Tabelle 4.1 für drei angenommene Temperaturregime aufgelistet. Die Abschätzung beruht auf der Annahme, dass zwei Sensorpartikel (a bzw. b) im Prozess dauerhaft der Temperatur T_a bzw. T_b ausgesetzt sind. Durch eine Kalibrierung der Grundfrequenz und eine Temperaturkompensation anhand der gemessenen Innentemperatur im Sensorpartikel können die Abweichungen der Zeitbasis prinzipiell verringert werden.

Tabelle 4.1: Übersicht der zu erwartenden Toleranzen der Zeitbasis und die resultierenden absoluten Zeittoleranzen für die Laufzeiten der Verarbeitungseinheit in drei Temperaturregimen.

	$T_{a,b} = 25$ °C			$T_a = 25$ °C; $T_b = 70$ °C			$T_a = 35$ °C; $T_b = 45$ °C		
	$\Delta t/t$ (ppm)	$\Delta t/1\mathrm{h}$ (ms)	$\Delta t/1\mathrm{d}$ (s)	$\Delta t/t$ (ppm)	$\Delta t/1\mathrm{h}$ (ms)	$\Delta t/1\mathrm{d}$ (s)	$\Delta t/t$ (ppm)	$\Delta t/1\mathrm{h}$ (ms)	$\Delta t/1\mathrm{d}$ (s)
a	23	83	2	23	83	2	19	68	2
b	-23	-83	-2	-104	-374	-9	-39	-140	-3

d. Analog-Digital-Wandlung für Druck und Temperatur

Zur Digitalisierung der Messsignale des analogen Temperaturmessfühlers und des Druckmessfühlers wird der interne ADU des Mikrocontrollers genutzt. Als Spannungsreferenz wird die Versorgungsspannung $U_B = 3{,}3$ V verwendet. Mit der Bitbreite des ADU von $b = 10$ ergibt sich gemäß

$$\Delta q = \frac{1}{2} \cdot \frac{U_B}{2^b - 1} \tag{4.2}$$

eine Quantisierungsbreite $\Delta q = \pm 1{,}6$ mV ($\pm 0{,}5$ LSB).

4.2.2 Datenspeicher

Durch die nicht vorhandene Echtzeit-Datenkommunikation, den begrenzten Energievorrat und die hohe Integrationsdichte der Elektronik ist der Datenspeicher für die Verfügbarkeit des Messsystems eine entscheidende Funktionseinheit. Bei der Auswahl der Speicherelemente für die Erfassungselektronik bedeutet das:

- ausreichendes *Speichervolumen*
- geringer *Energieverbrauch*
- geringe *Baugröße*
- hohe *Ausfallsicherheit* bzw. Zuverlässigkeit
- sichere *Langzeitdatenspeicherung* bei unterbrochener Energieversorgung

In Tabelle 4.2 sind geeignete Speicherelemente mit nicht-flüchtigem Speicherverhalten und deren entscheidende Kenngrößen gegenübergestellt. Dabei sind die elektrischen Betriebsparameter und insbesondere die Schreib-/Leseströme in Kombination mit den typischen Schreib-/Lesezeiten von entscheidender Bedeutung für die Einsetzbarkeit in der Erfassungselektronik. So zeigt sich, dass Flash SD-Karten trotz des geringen Preises und der hohen Speicherdichte auf Grund der hohen Strompegel gegenüber den anderen Speicherbausteinen ungeeignet sind. Kleinere Flash-EEPROM Bausteine wie der AT45DB321D erreichen geringere Strompegel als Massenspeicher wie SD-Karten. Im Vergleich zu EEPROM sind die Strompegel um etwa den Faktor 3 höher, jedoch sind die Schreibzeiten pro Byte wesentlich geringer. Die Vorteile des FRAM gegenüber EEPROM und Flash liegen in sehr kurzen Schreib- und Lesezeiten ($\sim 10^{-8}$ s), der hohen Lebensdauer mit $> 10^{10}$ Schreib-/Lesezyklen und dem sehr geringen Strombedarf. Ein Nachteil ist der vergleichsweise hohe Preis. Wie EEPROM sind auch FRAM als diskrete Speicherbausteine mit integrierter Ansteuerlogik und serieller Busschnittselle (z.B. I^2C- oder SPI) in kleinen IC-Gehäusen (z.B. SO-8) verfügbar. Aus den genannten Gründen werden FRAM-Speicher zur Speicherung der Messdaten der Erfassungselektronik verwendet.

Der Datenspeicher besteht aus einzelnen Speicherbausteinen (Ramtron Typ FM24V10) mit einer Speichergröße von 1 MBit. Auf der Erfassungselektronik können max. 16 Bausteine zu einer Speicherbank vereint werden. Damit beträgt das maximale Datenvolumen 2097136 8-Bit-Werte bzw. ca. 299590 Datensätze eines Sensorpartikels. Entsprechend der wählbaren Datenerfassungsrate der Sensorpartikel im Bereich zwischen 1 min^{-1} und 25 s^{-1} sind Laufzeiten zwischen 208 d und 3,3 h möglich.

Tabelle 4.2: Relevante Speicherelemente und deren entscheidende Parameter.

Parameter	**Einheit**	**Flash SD-Karte (SD-1.0)**	**Flash-EEPROM**	**EEPROM**	**FRAM**
Typ	-	SDSDx-xxx	AT45DB321D	ST M24M01	FM24V10
Hersteller	-	SanDisk	Atmel	STMicro.	Ramtron
Speicherkapazität	-	< 2GB	32 MBit	1 MBit	1 MBit
min. Blockgröße Schreiben	Byte	512	512	1	1
Betriebsspannung	V	2,7...3,6	2,7... 3,6	2,5... 5,5	2,0... 3,6
Strom - Lesen	mA	65	7...10	< 2,5	< 0,4
Strom - Schreiben	mA	75	12...17	< 5	< 0,4
Strom - Ruhezustand	µA	250	25...50	< 3	< 8
Lesezykluszeit	ms	0,5...100/Block	≈ 10^{-3}/Byte	≈ 10^{-3}/Byte	≈ 10^{-5}/Byte [1]
Schreibzeit	ms	0,5...250/Block	3...6/Block	5/Byte	≈ 10^{-5}/Byte [1]
Schreib-/Lesezyklen	-	≈ 10^5	> 10^5	> 10^6	> 10^{14}
Datenhaltezeit	a	<10	>20	>40	>10
Busprotokoll	-	SD-Bus/SPI	SPI/I²C	SPI/I²C	SPI/I²C
Betriebstemperatur	°C	-25...85	-40...85	-40...125	-40...85
Kosten pro Stück	€	≈ 10	≈ 3	≈ 3	≈ 15
Kosten pro Byte	€	≈ 10^{-9}	≈ 10^{-7}	≈ 10^{-5}	≈ 10^{-4}

[1]Datenzugriffe geschehen bei FRAM quasi verzögerungsfrei und synchron zum vorgegebenem Bustakt (bei I²C 0,1...3,4 MHz)

4.2.3 Autarke Energieversorgung

a. Aufbau

Abbildung 4.4 zeigt die Schaltung zur Energieversorgung eines Sensorpartikels. Diese wird über einen mitgeführten Energiespeicher in Form einer Li/MnO_2-Batterie abgesichert. Zur Verbesserung der Leistungsfähigkeit des Energiespeichers und der Lebensdauer der Batterie wird ein paralleler Pufferkondensator verwendet. Die Betriebsspannung U_B = 3,3 V der Erfassungselektronik wird mit einem effizienten Aufwärtswandler (*Step-Up-* oder *Boost-Converter*) vom Typ TPS61221 (Texas Instruments) aus der Batteriespannung U_{Batt} erzeugt. Der Aufwärtswandler gleicht die Schwankungen der Batteriespannung im Bereich 0,7...3,3 V, welche durch die Entladung der Batterie und auftretende Leistungsspitzen entstehen, aus. Der

Betriebsspannungsdurchgriff und die Lastregelung des Aufwärtswandlers sind mit 0,5% sehr niedrig [90].

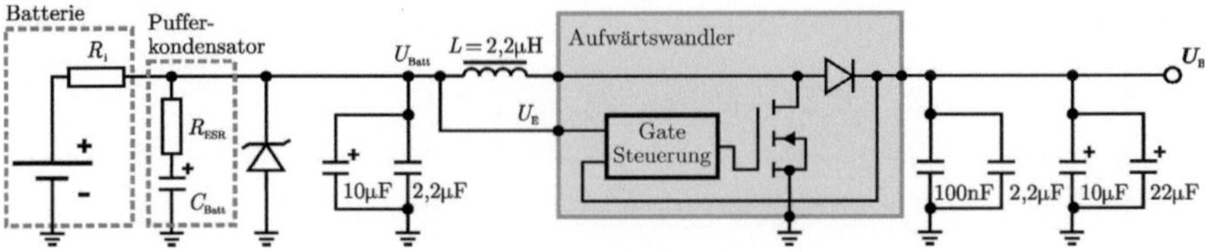

Abbildung 4.4: Schaltbild der Energieversorgung für die Elektronik der Sensorpartikel.

b. Energiespeicher

Die wichtigsten Kriterien für die Auswahl der Batterie sind

- ausreichend hohe Kapazität für Langzeitmessungen,
- Anwendbarkeit bei diskontinuierlichen, gepulsten Lastprofilen,
- Temperaturbereich 10...70 °C,
- Eigensicherheit bei Kurzschluß durch Substratkontakt (Ex-Schutz),
- kompakte Bauform und
- geringe Masse.

Unter Berücksichtigung dieser Kriterien ist die Auswahl der auf dem Markt verfügbaren Batteriemodelle begrenzt. In Tabelle 4.3 sind eine Auswahl relevanter Batteriemodelle und eine Auflistung der entscheidenden Parameter enthalten. Für den Einsatz in einem Strömungsfolger sind insbesondere die auf Lithium basierenden Primärbatterien geeignet. Die kompakten Li/MnO_2-Zellen der CR-Reihe bieten eine sehr hohe massespezifische Energiekapazität bis zu 1200 $J{\cdot}g^{-1}$. Zudem werden diese standardisierten Primärbatterien sowohl in Consumer-Anwendungen als auch in der Industrie eingesetzt und zeichnen sich durch eine hohe Verfügbarkeit sowie niedrige Kosten aus. Die Batterien auf Basis von $Li/SOCl_2$ sind hinsichtlich der elektrischen Parameter vergleichbar mit Li/MnO_2-Zellen. Das Einsatzgebiet liegt jedoch überwiegend in OEM-Anwendungen. Kompakte $Li/SOCl_2$-Knopfzellen werden nur von wenigen Herstellern zu erhöhten Kosten angeboten.

Im Hinblick auf die Anwendung in Explosionsschutz-relevanten Prozessumgebungen ist die Sicherheit des Energiespeichers von besonderer Wichtigkeit. Die Eigensicherheit bei Kurzschluss, wie z. B. bei Leckage eines Sensorpartikels, ist bei beiden Batterietypen gegeben. Bei Kurzschluss tritt ein sehr geringer Temperaturanstieg der Zelle von weniger als 10 °C auf. Zudem wird Funkenbildung, Bruch und das Entweichen von Elektrolyt vermieden [91], [92], [93]. Hingegen ist die Sicherheit bei den aufladbaren Sekundärzellen basierend auf NiMH und Lithium-Polymer nicht uneingeschränkt gegeben. Kontakt mit leitfähigen

Flüssigkeiten kann zu einer Überlastung der Zelle, Funkenbildung und schlimmstenfalls zur Explosion führen, was deren Einsatz in Biogasfermentern ausschließt. Zudem ist bei den aufladbaren Batterien die Selbstentladungsrate vergleichsweise hoch, was gerade in Langzeitanwendungen hinderlich ist.

Anhand der diskutierten Aspekte wurden Knopfzellen vom Typ CR2430 bzw. CR2477 verwendet (Tabelle 4.3). Zudem stellen die Hersteller umfangreiche Informationen über das Entladeverhalten bei kontinuierlichen und pulsförmigen Lasten zur Verfügung [91],[92].

Tabelle 4.3: Auflistung relevanter Batteriemodelle und deren wichtigster Eigenschaften [91]-[98].

	System	Bauform	m	C_{nom}	$\frac{E_{nom}}{m}$	U_{nom}	I_{nom}	$T_{Betrieb}$	Selbst-entladung	E_{spez}	E_{vol}	Sicher-heit[1]
			g	mAh	$\frac{J}{g}$	V	mA	°C	% (20 °C)	$\frac{Wh}{kg}$	$\frac{Wh}{L}$	
Primärzelle	Lithium-Mangan-dioxid (Li/MnO_2)	Knopfzelle CR2430	4,3	300	753	3	0,5	-40...85	1/Jahr	300	650	H
		Knopfzelle CR2477	8,2	950	1251	3	1	-40...85	1/Jahr	300	650	H
	Lithium-Thionyl-chlorid ($Li/SOCL_2$)	Flachzelle 1/10D	16	1000	810	3,6	0,5	-55...85	1/Jahr	760	1250	H
Sekundärzelle	Nickel-Metall-hydrid (NiMH)	AAA	15	1100	317	1,2	220	-20...65	15/Monat	80	270	M
		Knopfzelle V600HR	14,5	600	173	1,2	116	-20...65	15/Monat	80	270	M
	Lithium-Polymer	OEM flach	15	1160	618	3,7	220	-20...60	10/Monat	150	450	N

[1]H Hoch, M Mittel, N Niedrig

c. Dynamische Belastung - Pulslast

Der Betrieb der Erfassungselektronik stellt für den Energiespeicher grundlegend eine dynamische Last dar, da die digitalen Schaltkreise zu hochfrequenten Strom- und Leistungsspitzen führen und beim Wechsel zwischen dem Schlaf- und dem Betriebsmodus große Leistungsschwankungen auftreten. Dieses Lastprofil der Elektronik wurde gemessen (Anhang D). Die Lebensdauer der Batterie wird in Abhängigkeit von dieser Pulsbelastung verringert. Der Einsatz bei gepulsten Lastregimen wäre bei den Sekundärzellen durch die geringen Innenwiderstände unproblematisch. Die Lithium-Primärzellen weisen grundlegend höhere Innenwiderstände von typischerweise 10...80 Ω auf [92]. Trotzdem ist der Einsatz in gepulsten Lastregimen mit moderaten Leistungsspitzen möglich. Entsprechend der Herstellerangaben sind mit CR-Zellen Lastfälle mit gepulsten Lastströmen von $I_L = 50$ mA für $t = 100$ ms und einer Periode von 1 s unproblematisch [92].

Grundlegend führt eine diskontinuierliche Belastung der Zelle zu einer Verringerung der Zellkapazität. Die kurzzeitigen Überschreitungen des Maximalstromes im gepulsten Lastregime führen entsprechend des Innenwiderstandes zu einem temporären Absinken der Zellspannung, welche sich in der lastfreien Phase wieder erholen kann. Dabei ist ein Unterschreiten der für die Elektronik geltenden Minimalspannung zu vermeiden. Dies gilt insbesondere für den fortgeschrittenen Entladezustand der Zelle, da der Innenwiderstand mit zunehmender Entladung ansteigt.

Zur Erhöhung der Leistungsfähigkeit und zur Verlängerung der Lebensdauer der Batterie ist der Einsatz eines parallelen Kondensators sinnvoll, durch den der effektive Innenwiderstand verringert wird. Der Kondensator liefert die für kurze Leistungsspitzen nötige Energie und wird in der folgenden Phase wieder von der Batterie aufgeladen. Die entstehende Differenz der Batteriespannung während der Leistungsspitzen wird dadurch reduziert. Hierfür sind insbesondere Superkondensatoren und Polymerschicht-Kondensatoren geeignet. Polymerschicht-Kondensatoren sind auf dem Markt in sehr kompakten Gehäusen mit Kapazitäten von derzeit bis zu 1 mF erhältlich. Verwendet wird ein Kondensator mit Polymer-Kathode und Aluminium-Elektrolyt der ECAS-Serie (Murata) [99]. Der Kondensator hat eine Kapazität von $C_{\mathrm{Batt}} = 330\ \mu\mathrm{F}$ und ist in einem sehr kleinen SMD-Gehäuse (D-7343) erhältlich. Die Spannungsfestigkeit von 4 V ist ausreichend für die Anwendung parallel zu einer CR-Zelle. Durch den geringen Innenwiderstand von 8 mΩ ist dieser Kondensator hervorragend für den Ausgleich von Leistungsspitzen geeignet. Der vom Hersteller angegebene Leckstrom von max. 40 µA ist akzeptabel. Das Zusammenwirken von Batterie und Pufferkondensator im Betrieb der Erfassungselektronik zeigt sich anhand der gemessenen Lastprofile (Anhang D).

d. Batterieentladung und Laufzeit

Zur Ermittlung der Batterielaufzeit wurde die Entladekurve einer CR2430-Zelle mit einer Nennkapazität von 300 mAh während des Betriebs eines Sensorpartikels aufgezeichnet. Die Erfassungselektronik wurde bei einer Messrate von 10 Hz bzw. einer Dauer des Messzyklus von 93,5 ms betrieben. Die gemessenen Entladekurven ohne und mit parallelem Pufferkondensator ($C_{\mathrm{Batt}} = 330\ \mu\mathrm{F}$) sind in Abbildung 4.5 abgebildet. Ohne Pufferkondensator erreicht die Erfassungselektronik eine Laufzeit von $T_{0,09} = 62{,}01$ h, wobei die Batterie bis zu einer Batteriespannung von 1 V entladen wird. Der Pufferkondensator führt trotz des Leckagestromes zu einer geringfügigen Erhöhung der Laufzeit auf $T_{0,09} = 62{,}19$ h, wobei die Batterie bis zu einer Batteriespannung von 0,55 V entladen wird. Für hohe Messraten ergibt sich demnach durch den Einsatz des Pufferkondensators ein geringer Vorteil bzgl. der Laufzeit der Batterie.

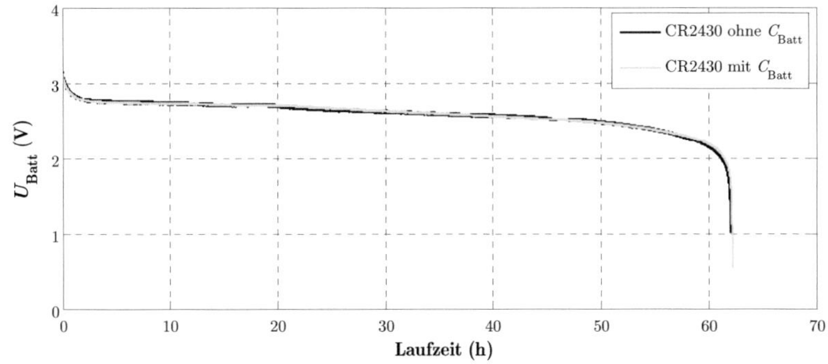

Abbildung 4.5: Gemessene Entladekurven mit CR2430-Zellen ohne und mit Pufferkondensator bei einer Erfassungsrate von 10 Hz.

Die maximale Laufzeit der Batterie in Abhängigkeit von der Messrate kann anhand der mittleren Leistung der Erfassungselektronik abgeschätzt werden. Aus dem gemessenen Leistungsprofil mit der Dauer des Messzyklus von 93,5 ms (Messrate 10 Hz) wurde die mittlere Leistung der Batterie von $\overline{P}_{0,09} = 5{,}6$ mW ermittelt (Anhang D). Mit zunehmender Dauer des Messzyklus verringert sich die mittlere Leistung entsprechend der Länge des Schlafmodus und nähert sich dem Leistungsniveau des Schlafmodus von $\overline{P}_{Batt} = 320$ µW an. Der berechnete Verlauf der mittleren Leistung im Messzyklus $\overline{P}_M$ ist in Abbildung 4.6 dargestellt. Die Abschätzung der erreichbaren Laufzeit T_L kann aus der gemessenen Laufzeit $T_{0,09} = 62{,}19$ h erfolgen:

$$T_L = k_C \cdot T_{0,09} \cdot \frac{\overline{P}_{0,09}}{\overline{P}_M}. \tag{4.3}$$

Der Faktor k_C repräsentiert die Laufzeitverlängerung bei der Anwendung einer CR-Zelle mit einer größeren Nennkapazität als die für die Laufzeitmessung verwendete CR2430-Zelle gemäß

$$k_C = \frac{C_{Nenn}}{C_{2430}} \tag{4.4}$$

mit $C_{2430} = 300$ mAh. Für eine Batterie vom Typ CR2477 mit $C_{2430} = 950$ mAh ist $k_C = 3{,}2$. Die ermittelten Laufzeiten T_L nach Gl. (4.3) sind in Abbildung 4.6 für die Batterietypen CR2430 und CR2477 dargestellt. Für den längsten wählbaren Messzyklus von 60 s ist mit einer CR2430-Zelle eine Laufzeit von bis zu 45 d und mit einer CR2477-Zelle eine Laufzeit von bis zu 140 d erreichbar. Damit sind im Hinblick auf den Einsatz in Biogasfermentern mit typischen Verweilzeiten der Substrate von 50...200 d realistische Laufzeiten erreichbar.

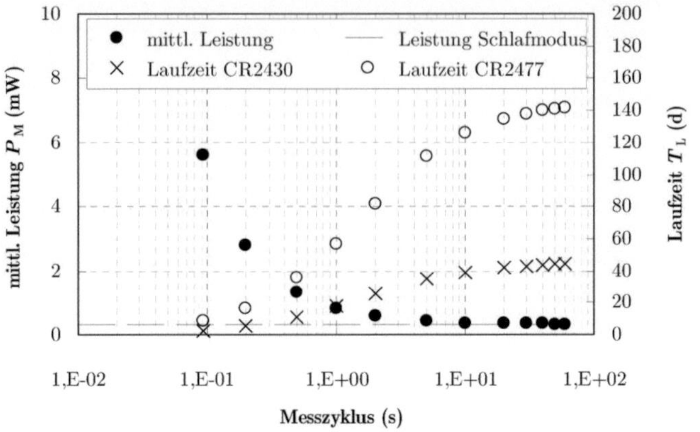

Abbildung 4.6: Verlauf der mittleren Leistung in Abhängigkeit von der Dauer des Messzyklus und zugehörige Laufzeit bei Verwendung einer Knopfzelle vom Typ CR2430 bzw. CR2477.

e. Signal-Rausch-Verhältnis und Rauschamplitude

Die Störanteile der Versorgungsspannung U_B sind maßgeblich durch die auftretenden Stör- bzw. Schaltfrequenzen des Aufwärtswandlers bestimmt. Entsprechend dessen Konfiguration und Belastung sollten diese bei Frequenzen unterhalb von 400 kHz auftreten [90]. Bei den geringen Lastströmen im gepulsten Lastregime liegen die Schaltfrequenzen weit unter 400 kHz. Die Messung des Leistungsdichtespektrums der Betriebsspannung U_B zeigt, dass Störfrequenzen bereits ab 50 kHz zu verzeichnen sind (Abbildung 4.7). Das SNR wurde nach Gl. (3.8) berechnet und ist mit ca. 55 dB akzeptabel. Der gemessene Gleichspannungsanteil beträgt 3,278 V und die Streuung 3,7 mV.

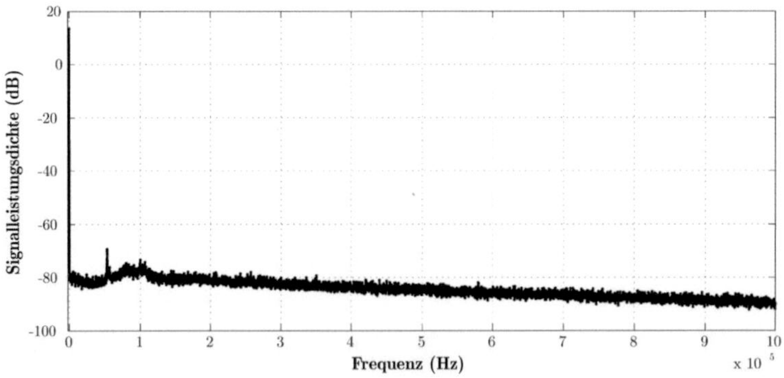

Abbildung 4.7: Gemessenes Leistungsdichtespektrum der Betriebsspannung U_B.

4.2.4 Leiterkartenmodul

Der Aufbau, die Form und die Größe des Leiterkartenmoduls der Erfassungselektronik sind unter den Gesichtspunkten

- der *Miniaturisierung*,
- der Minimierung des *Gewichts*,
- der Realisierung einer maximalen *Sphärizität* des Sensorpartikels und
- der mechanischen *Robustheit*

gestaltet worden. Die Elektronikkomponenten sind auf zwei separaten Leiterkarten verteilt, welche durch Mikrosteckverbinder verbunden werden (Abbildung 4.8). Das Leiterkartenmodul wird mit Nylon-Schrauben in der Gehäusekapsel fixiert (Abbildung 4.9). Die Integrationsdichte der Leiterkarten ist soweit maximiert, dass eine weitere Reduzierung der Baugröße unter Anwendung von Standard-Fertigungs- und Bestückungsverfahren ausgeschlossen erscheint. Der Durchmesser der Leiterkarten beträgt 38 mm und die axiale Bauhöhe des Leiterkartenmoduls 24 mm. Eine weitere Miniaturisierung ist durch die Integration mehrerer Funktionsbausteine, wie z. B. des Mikrocontrollers, der Druckmessfühlerschaltung und der Speicherbank, in einen *ASIC* denkbar.

Abbildung 4.8: Fotografien der Ober- und Unterseiten der beiden Leiterkarten der Erfassungselektronik.

Abbildung 4.9: Fotografie des montierten Leiterkartenmoduls mit den Nylonschrauben zur Fixierung in der Gehäusekapsel.

4.3 Aufbau des Sensorpartikels

4.3.1 Gehäusekonstruktion

Maßgebend für die Konstruktion des Gehäuses sind dessen

- strömungstechnische Eigenschaften wie die Form (*Sphärizität* Ψ), die *Dichte,* das Volumen bzw. der resultierende *Partikeldurchmesser* d_p,
- *mechanische Robustheit* gegenüber Stößen und Kerbeinwirkungen und
- *chemische Beständigkeit* und Inertheit.

Ein weiterer wesentlicher Aspekt ist die favorisierte Fertigungstechnologie. In Frage kommen dabei spanende Fertigungsverfahren und Spritzgußverfahren. Auf Grund der hohen Kosten für die Anfertigung einer Spritzgußform wurde diese Variante ausgeschlossen.

Die Auswahl der Materialien für das Gehäuse ist unter den genannten Gesichtspunkten begrenzt. Es kommen vor allem technische Kunststoffe in Frage (Tabelle 4.4). Im Vergleich aller hier betrachteten Kunststoffe wird PET den Anforderungen für den Einsatz in gerührten Bioreaktoren und Biogasfermentern am Besten gerecht. Das Material ist ausreichend steif bzw. formstabil und weist dabei eine hohe Verschleißfestigkeit, eine gute Beständigkeit gegenüber chemischen Substanzen und eine ausreichend hohe maximale Gebrauchstemperatur auf. Zudem ist es sehr gut in spanenden Verfahren zu bearbeiten und mit gängigen Kunststoffklebern kompatibel.

Tabelle 4.4: Kunststoffe für die Gehäuse von Strömungsfolgern und deren relevante Eigenschaften [101].

		PET	HDPE	PC	PVC-U
Eigenschaft	Einheit	Polyethylen-terephthalat	Polyethylen	Polycarbonat	Polyvinylchlorid
Dichte	$kg \cdot m^{-3}$	1,3-1,4	0,95	1,2	1,4
max. Dauergebrauchs-temperatur	°C	115-170	55-120	115-130	50-75
mech. Beständigkeit		hohe Verschleißfestigkeit	neigt zu Spannungsrissen	geringe Verschleiß-beständigkeit	geringe Verschleiß-beständigkeit
E-Modul	kN/mm^{-2}	2-4	0,5-1,2	2,3-2,4	2,5-4
Kerbschlagzähigkeit nach Izod	J/m^{-1}	13-35	20-210	600-850	20-1000
Härte-Rockwell		M94-101	D60-73	M70	R106-120
chem. Beständigkeit		gut	sehr gut	mittel	gut
Säuren-verdünnt	-	gut	gut	gut	gut
Laugen	-	schlecht	gut	mittel	gut
Fette/Öle	-	gut	gut	mittel	gut
Verarbeitung	-	Kleben/Spanen	Schwer klebbar	Spanen	Kleben/Spanen

Die Fertigung von hohlkugelförmigen Bauteilen aus Kunststoff mit spanenden Verfahren ist aufwendig. Durch die geringen Wandstärken der Gehäuse kommt es beim Einspannen der Werkstücke zur Verformung, was die Fertigung erheblich erschwert. Außerdem ist bei Kugeln die Einspannung durch fehlende Halteflächen für Spannfutter unsicher. Zylindrische Bauteile lassen sich besser bearbeiten, jedoch ist die Sphärizität eines Zylinders auf $\Psi < 0{,}87$ begrenzt. Um dennoch eine möglichst hohe Sphärizität zu erreichen, wurde eine zylindrische Form der Gehäusekapsel mit abgeschrägten Kanten gewählt (Abbildung 4.10).

Der Innendurchmesser des *Kapselkörpers* (1) ist auf das Leiterkartenmodul abgestimmt. Erste Vorversuche in gerührten Behältern haben gezeigt, dass Gehäuse mit Wandstärken der Mantelfläche von weniger als 1,5 mm der Kerbwirkung schnell drehender Rührwerke nicht dauerhaft standhalten und Risse entstehen. Nach der Erhöhung der Wandstärke auf 2,5 mm sind während der Versuchsreihen keine weiteren Gehäuse gerissen.

Am Boden des Kapselkörpers befindet sich der Sitz für den Druckmessfühler und den Temperaturmessfühler. Der Druckmessfühler wird mit einer *Schraubkappe* (3), welche vier Durchgangsbohrungen hat, am Gehäuse fixiert. Die Kabelanschlüsse ragen durch die *Durchführung* (7) in den Innenraum. Der Temperaturmessfühler wird in der Grundvariante von Innen in die *Bohrung* (6) eingeklebt. Der *Kapseldeckel* (2) ist mit abgesetzten planen Flächen für einen Maulschlüssel (SW 30) ausgeführt und wird in den Kapselkörper geschraubt. Dabei wird der Innenraum durch einen radial dichtenden O-Ring abgedichtet. Das *Reservoir* (5) wird von außen mit dem nötigen Ballast zur Einstellung der Kapseldichte befüllt und mit dem *Verschluss* (4) abgedichtet. Das Volumen der montierten Gehäusekapsel beträgt $V_p = 103{,}3\ \mathrm{cm}^{-3}$ und die Oberfläche $A_p = 117\ \mathrm{cm}^{-2}$. Damit ergibt sich ein volumenäquivalenter Partikeldurchmesser $d_\mathrm{p} = 58{,}2$ mm und nach Gl. (2.30) eine Sphärizität $\Psi = 0{,}91$.

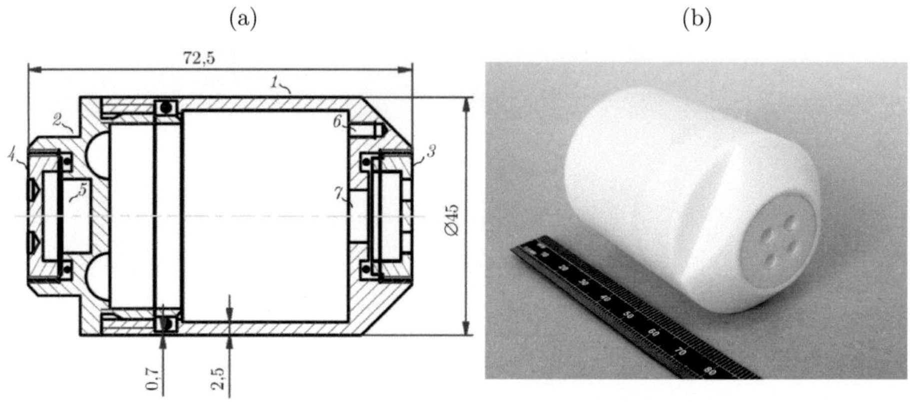

Abbildung 4.10: Gehäusekapsel für die in dieser Arbeit untersuchten Strömungsfolger: (a) Schnittdarstellung und (b) Fotografie der montierten Gehäusekapsel (*Kapselkörper* (1), *Kapseldeckel* (2), *Schraubkappe* für den Druckmessfühler (3), *Verschluss* für das Reservoir (4), *Reservoir* für Balast (5), *Bohrung* für den Temperaturmessfühler (6) und *Durchführung* für Anschluss des Druckmessfühlers (7)).

4.3.2 Sensorpartikelintegration

Zur Montage des Sensorpartikels, wird das Leiterkartenmodul nach dem Anschließen der beiden Messfühler in die Gehäusekapsel eingebracht und im Boden durch Nylonschrauben fixiert. Damit ist eine Relativbewegung im Gehäuse durch mechanische Stöße ausgeschlossen. Die Batterie, der Anschluss der Basisstation und die Programmierbuchse sind zugänglich, solange der Kapseldeckel geöffnet ist. Abbildung 4.11 zeigt die Komponenten des unmontierten Sensorpartikels.

Das Gewicht der Gehäusekapsel beträgt einschließlich der Elektronik, den Messfühlern und der Batterie $m_{p,\min} = 95{,}3$ g. Mit dem Volumen $V_p = 103{,}3\ \mathrm{cm}^{-3}$ ergibt sich eine minimale Dichte des Sensorpartikels $\rho_{p,\min} = 922{,}6\ \mathrm{kg{\cdot}m^{-3}}$. In den durchgeführten Experimenten wurde die Dichte durch Hinzufügen von Ballast auf $\rho_p > 1200\ \mathrm{kg{\cdot}m^{-3}}$ erhöht. Höhere Werte sind durch Ausnutzung des Totvolumens im Innenraum realisierbar. Eine Übersicht der wesentlichen elektrischen und mechanischen Eigenschaften der Sensorpartikel ist in Tabelle 4.5 gegeben.

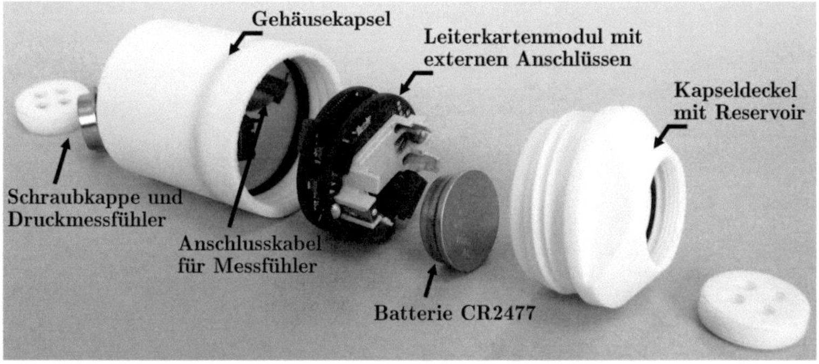

Abbildung 4.11: Fotografie des Sensorpartikels im geöffneten, demontierten Zustand. Leiterkartenmodul der Erfassungselektronik mit den Anschlusskabeln für den Druck- und Temperaturmessfühler, der Batterie (CR2477) sowie der geöffneten Gehäusekapsel.

Tabelle 4.5: Elektrische und mechanische Eigenschaften der Sensorpartikel. Die Angaben zur Temperatur- und Druckmessung betreffen die kalibrierten Messbereiche.

Elektrische Eigenschaften	
Batteriespannung:	0,7...3,3 V
Betriebsspannung:	3,3 V (σ = 3,7mV)
mittlere Leistung:	14,3 mW im Betriebsmodus 320 µW im Schlafmodus
Laufzeit:	45 Tage (CR2430) 140 Tage (CR2477)
Temperaturmessung:	U_{Tu} = 0,45 K (20...60 °C) U_{Tu} = 0,51 K (10...70 °C) $\tau_{0,25}$ ≈ 56 s Typ a (ΔT = 8 °C) $\tau_{0,25}$ ≈ 11 s Typ c (ΔT = 8 °C)
Druckmessung:	U_{pu} = 458 Pa U_{h} = 0,045 mWS (98...158 kPa; 15...70 °C)
Beschleunigungsmessung:	-2...+2 g oder -6...+6 g ±0,5 mg 3-Achsen
Mechanische Eigenschaften	
Größe:	d_p = 58,2 mm V_p = 103,3 cm^{-3}
Form:	A_p = 117 cm^{-2} Ψ = 0,91
Gewicht:	$m_{p,\mathrm{min}}$ = 95,3 g $\rho_{p,\mathrm{min}}$ = 922,6 kg·m^{-3}

4.4 Basisstation

Zur Handhabung eines Ensembles mehrerer Sensorpartikel wurde eine Basisstation aufgebaut. Diese ermöglicht die gleichzeitige Parametrierung von bis zu 16 Senorpartikeln von einem PC aus. Weiterhin können auf diese Weise die auf den Sensorpartikeln gespeicherten Messdaten auf den PC übertragen werden (Abbildung 4.12). Die Kommunikation mit dem PC läuft über eine emulierte serielle Schnittstelle ab. Ein USB-USART-Konverter auf der Basisstation realisiert die Umsetzung USB-USART bzw. USART-USB. Die über ein Flachbandkabel angeschlossenen Sensorpartikel können sequentiell parametriert bzw. ausgelesen werden. Dabei wird über 8-kanalige Busschalter jeweils ein Sensorpartikel angesprochen. Jeder Busschalter verfügt über Anschlüsse für die Spannungsversorgung mit 3 V und für den I^2C-Bus. Der I^2C-Takt ist auf 1 MHz eingestellt. Die Datenübertragung von einem Sensorpartikel an einen PC dauert mit dieser Taktrate nur wenige Minuten.

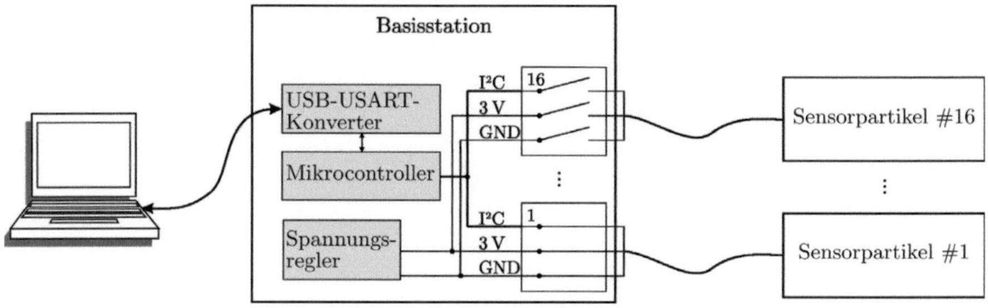

Abbildung 4.12: Blockschaltbild der Basisstation mit angeschlossenem PC und Sensorpartikeln.

5 Validierung des Strömungsverhaltens der Sensorpartikel im Rührbehälter

Die in diesem Kapitel vorgestellte Validierung des Strömungsverhaltens der Sensorpartikel zeigt die Möglichkeiten der Sensorpartikel für die Erfassung und Analyse der Strömungsbedingungen in Rührbehältern und der Bestimmung relevanter Modellparameter auf. Anhand von Referenzmessungen mit Salztracern, numerischen Strömungsberechnungen und theoretisch berechneten STOKES-Zahlen bzw. Schlupfwerten wird eine Bewertung der Sensorpartikeldaten durchgeführt.

5.1 Experimenteller Aufbau und Versuchsdurchführung

5.1.1 Aufbau des Rührbehälters

Für die Validierung des Verhaltens der Strömungsfolger in Rührbehältern wurde ein Testbehälter aufgebaut. Die flache Geometrie des Behälters wurde der weit verbreiteten Geometrie von Biogasfermentern mit typischen Verhältnissen $H_0/d_1 < 0{,}5$ nachempfunden (Abbildung 5.1). Um eine optische Beobachtung der Strömungsvorgänge zu ermöglichen, wurde die sonst typische Zylinderform von Fermentern durch eine sechseckige Form mit Scheiben aus PMMA nachgebildet. Mit der verwendeten Füllhöhe $H_0 = 0{,}755$ m und dem effektiven Durchmesser $d_1 = 1{,}53$ m ergibt sich das Verhältnis $H_0/d_1 = 0{,}49$. Das Behältervolumen ist $V_B = 1390$ l.

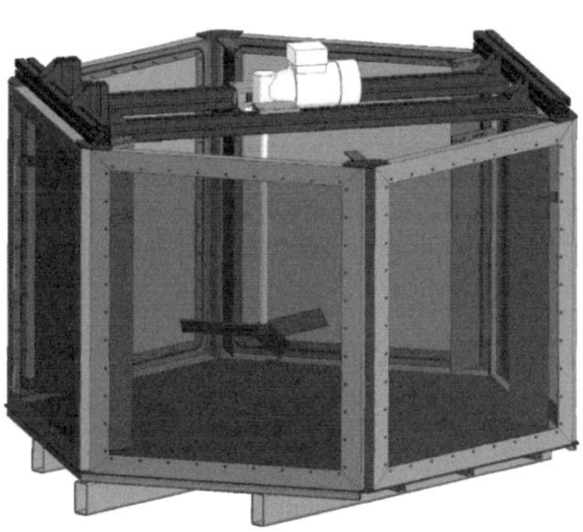

Abbildung 5.1: Gerenderte Ansicht des Rührbehälters.

Zur Bewehrung des Behälters werden Prallbleche als Wandstromstörer eingesetzt, die in den Ecken des Behälters fest montiert sind. Mit Gl. (2.1) wird mit der Anzahl der Stromstörer $N_s = 6$, der Einbaubreite $b_1 = 0{,}15$ m, der effektiven Einbauhöhe $h_3 = 0{,}725$ m und dem effektiven Behälterdurchmesser $d_1 = 1{,}53$ m die Bewehrungs-Zahl auf $BW = 0{,}19$ abgeschätzt. Für den verwendeten Rührertyp ist die erforderliche Bewehrungs-Zahl im Bereich $BW_{VB} \approx 0{,}15 \ldots 0{,}2$ [59], [63], [66]. Demzufolge kann der Behälter als vollbewehrt betrachtet werden. Tangentiale Strömungskomponenten und Tromben werden daher auf ein vernachlässigbares Niveau unterdrückt.

Der Motor des Rührwerkes hat eine Nenndrehzahl von 1380 min^{-1} und wird von einem Frequenzumrichter gespeist. Das Motorgetriebe hat ein Übersetzungsverhältnis von $i = 15$. Damit kann die Solldrehzahl n der Rührwerkswelle im Bereich 0,0…1,53 s^{-1} (0,0…92 min^{-1}) eingestellt werden.

Als Rührer wird ein dreiflügliger Schrägblattrührer mit einem Durchmesser $d_2 = 0{,}5$ m verwendet. Die Einbauhöhe h_{2m} beträgt 0,265 m. Der Rührer ist mittig im Behälter angeordnet und wird in abwärtsfördernder Richtung betrieben.

5.1.2 Versuchsdurchführung

Die Sensorpartikel wurden im Rührbehälter bei verschiedenen Rührerdrehzahlen in reinem Wasser (Deionat) und einer 90%-igen Glycerin-Lösung eingesetzt (Tabelle 5.1). Die Versuchsbedingungen wurden so gewählt, dass unterschiedliche hydrodynamische Zustände vorlagen. Während für die Versuche in Wasser die REYNOLDS-Zahlen im Bereich turbulenter Strömung liegen, kann bei den Versuchen in der Glycerin-Lösung auf Grund der viel höheren Viskosität in den rührerfernen Zonen bereits von einem Übergang zu laminaren Strömungsverhältnissen ausgegangen werden. Daher sind bei der Glycerin-Lösung bei den betrachteten Rührerdrehzahlen Instabilitäten der Strömung und eine schlechtere Vermischung zu erwarten.

Tabelle 5.1: Versuchsbedingungen im Rührbehälter für die Messungen in Wasser und in Glycerin-Lösung.

	d_2 (m)	H_0 (m)	ρ_f (kg·m^{-3})	μ_f (Pa·s)	n (s^{-1})	Re (-)	Bereich rührernah	Bereich rührerfern
Wasser (Deionat)	0,5	0,755	997,6	0,001	0,46	$1{,}1 \cdot 10^5$	vollturbulent	turbulent
					0,92	$2{,}3 \cdot 10^5$		
					1,23	$3{,}1 \cdot 10^5$		
					1,53	$3{,}8 \cdot 10^5$		
Glycerin-Wasser	0,5	0,755	1235	0,250	0,92	$1{,}2 \cdot 10^3$	turbulent	laminar-turbulent
					1,23	$1{,}5 \cdot 10^3$		
					1,53	$1{,}9 \cdot 10^3$		

Unter diesen verschiedenen Strömungsbedingungen konnte die Aussagekraft der Daten der Sensorpartikel untersucht werden. Zudem erfolgte die Analyse des Strömungsfolgeverhaltens der Sensorpartikel. Dafür wurden in Salztracer-Versuchen Zirkulationszeiten mittels Leitfähigkeitsnadelsonden gemessen.

Die Sensorpartikel wurden mit einer Abtastrate von $f_{mess} = 10\ s^{-1}$ ($t_{mess} = 0{,}1\ s$) betrieben und bei jeder Drehzahl für ca. 40 min in der Strömung belassen. Abzüglich der Zeit bis zum Erreichen des stationären Strömungszustandes betrug die Versuchsdauer jeweils ca. 33 min. Dabei konnten ca. $2{\cdot}10^4$ Messwerte für die Datenanalyse gewonnen werden.

Zur Untersuchung des in Abschnitt 3.2.3 diskutierten Einflusses des Staudrucks auf die Messung der Eintauchtiefe erfolgte eine weitere Messreihe. Dabei kam ein an drei ausschlaggebenden Positionen fest im Behälter montiertes Sensorpartikel bei den Rührerdrehzahlen $n = [0{,}0;\ 0{,}61;\ 0{,}92;\ 1{,}23;\ 1{,}53]\ s^{-1}$ zum Einsatz (Abbildung 5.2).

(a)

(b)

(c)

Abbildung 5.2: Messpositionen des Sensorpartikels zur Erfassung des Staudruckes im Rührkessel: (a) in der Nähe der Rührblätter, (b) auf dem Behälterboden und (c) an einem Stromstörer in Wandnähe.

Damit konnte der Staudruck bei maximalem Schlupf des Partikels gemessen werden. Für jeden ermittelten Wert des Staudrucks standen 4000 Einzelwerte aus ca. 125 s zur Verfügung. Zur Bewertung des Einflusses wurden die an den festen Positionen ermittelten Werte des Staudrucks mit den Werten aus der Versuchsreihe mit frei beweglichem Sensorpartikel in Wasser bei den Rührerdrehzahlen $n = [0{,}46;\ 0{,}92;\ 1{,}23;\ 1{,}53]\ s^{-1}$ verglichen.

5.1.3 Dichte und STOKES-Zahl der Sensorpartikel

Für die Versuche wurden sechs Sensorpartikel verwendet. Die Erfahrung hat gezeigt, dass die Dichte der Sensorpartikel durch Gasanhaftungen in den Schraubgewinden und der Oberfläche variieren kann. In den durchgeführten Experimenten wurde eine Abweichung der Dichte von typischerweise ±0,1% und maximal +0,5% beobachtet.
Um den Einfluss von Dichtetoleranzen gegenüber dem Fluid systematisch zu untersuchen, wurde das Gewicht der Sensorpartikel unterschiedlich eingestellt. Die resultierende Dichte wurde experimentell aus Sink- bzw. Steigversuchen bestimmt. Aus der ermittelten Sink- bzw. Steiggeschwindigkeit der Sensorpartikel wurde unter Nutzung von Gl. (2.34) die Dichte berechnet (Tabelle 5.2). Die Sensorpartikel 1 und 2 wurden als aufsteigende Partikel und die anderen Sensorpartikel als absinkende Partikel eingestellt. Sensorpartikel 3 kann auf Grund seiner sehr geringen Sinkgeschwindigkeit als annähernd auftriebsneutral betrachtet werden.

Tabelle 5.2: Sink- bzw. Steiggeschwindigkeiten und Dichte der Sensorpartikel sowie Verhältnis der Dichte zur Fluiddichte.

Sensorpartikel	Wasser (ρ_f = 997,6 kg·m^{-3})				Glycerin-Lösung (ρ_f = 1235 kg·m^{-3})			
	v_s (m·s^{-1})	ρ_p (kg·m^{-3})	ρ_p/ρ_f (-)	$(\rho_p - \rho_f)/\rho_f$ %	v_s (m·s^{-1})	ρ_p (kg·m^{-3})	ρ_p/ρ_f (-)	$(\rho_p - \rho_f)/\rho_f$ %
1	-7,2·10^{-2}	992,4	0,9948	-0,52	-6,8·10^{-3}	1233,8	0,9990	-0,10
2	-3,1·10^{-2}	996,6	0,9990	-0,10	-4,0·10^{-3}	1234,2	0,9994	-0,06
3	1,7·10^{-2}	997,9	1,0003	0,03	1,2·10^{-2}	1237,4	1,0020	0,20
4	2,8·10^{-2}	998,3	1,0007	0,07	2,2·10^{-2}	1240,0	1,0040	0,40
5	8,3·10^{-2}	1004,4	1,0068	0,68	4,9·10^{-2}	1248,5	1,0110	1,10
6	1,1·10^{-1}	1010,0	1,0124	1,24	6,8·10^{-2}	1256,0	1,0170	1,70

Um das Strömungsfolgeverhalten der Sensorpartikel unter den verschiedenen Bedingungen vorauszuberechnen, wurde mit den Gln. (2.39) bis (2.41) die STOKES-Zahl des auftriebsneutralen Sensorpartikels 3 abgeschätzt (Tabelle 5.3). Dabei wurde St_v für den Rührerbereich (Meso-Skale) und die Zirkulationsströmung (Makro-Skale) abgeschätzt. Erwartungsgemäß ergeben sich im Rührerbereich deutlich höhere Werte St_v als in der Zirkulationsströmung. Weiterhin ist im Bereich der

Zirkulationsströmung in der Glycerin-Lösung mit $St_v < 0{,}12$ gegenüber Wasser mit $St_v > 0{,}5$ ein nahezu ausreichendes Strömungsfolgeverhalten zu erwarten.

Tabelle 5.3: Abschätzung der STOKES-Zahl von Sensorpartikel 3 gemäß den Gln. (2.39) bis (2.41) und des Schlupfs gemäß Gl. (2.42) für den Rührerbereich (Meso-Skale) und die Zirkulationsströmung (Makro-Skale). Zur Abschätzung von Re_p und c_w in Gl. (2.39) wurden die zuvor ermittelten Sinkgeschwindigkeiten verwendet. Das Zeitmaß τ_f wurde für den Rührerbereich nach Gl. (2.40) berechnet. Für die Zirkulationsströmung wurde die aus den Salztracer-Experimenten ermittelten mittleren Zirkulationszeiten verwendet.

		Wasser (μ_f = 0,001 Pa·s; Re_p = 999; c_w = 0,64)								Glycerin-Lösung (μ_f = 0,25 Pa·s; Re_p = 3,8; c_w = 9,47)					
		Rührerbereich				Zirkulationsströmung				Rührerbereich			Zirkulationsströmung		
n	s^{-1}	0,46	0,92	1,23	1,53	0,46	0,92	1,23	1,53	0,92	1,23	1,53	0,92	1,23	1,53
τ_p	s	7,05				7,05				0,63			0,63		
L	m	0,5				-				0,5			-		
v_∞	$m \cdot s^{-1}$	0,72	1,45	1,93	2,40	-				1,45	1,93	2,40	-		
τ_f	s	0,69	0,35	0,26	0,21	>13	6,7	4,9	4,0	0,35	0,26	0,21	10,1	6,8	5,5
St_v	-	10,2	20,4	27,2	33,9	0,5	1,1	1,4	1,8	1,8	2,4	3,0	0,06	0,09	0,11
ϕ	-	0,91	0,95	0,96	0,97	0,33	0,52	0,58	0,64	0,64	0,71	0,75	0,06	0,08	0,1

5.1.4 Referenzmessung der Zirkulationszeiten des Fluids

Mit Leitfähigkeitsnadelsonden (Abschnitt 1.2.3) ist die zeitliche Erfassung des Konzentrationsverlaufes eines in den Rührbehälter injizierten Salztracer-Bolus möglich. Dies ermöglicht die direkte Messung der für die Fluidelemente repräsentativen Zirkulationszeiten. Damit ist die Messung von Referenzdaten für die mit den Sensorpartikeln bestimmten Zirkulationszeiten und eine quantitative Bewertung des Strömungsfolgeverhaltens möglich. Zur Messung der Zirkulationszeiten im Rührbehälter wurde ein mehrkanaliges Leitfähigkeitsonden-Messsystem des HZDR verwendet [102]. Die Sonden haben einen triaxialen Aufbau, eine Länge von 1 m und einen Hüllrohr-Durchmesser von 6 mm (Abbildung 5.3). Durch diese kleine Bauart ist die Strömungsbeeinflussung der Sonden vernachlässigbar. Um räumlich repräsentative Daten zu erhalten, kamen vier Leitfähigkeitsonden parallel zum Einsatz. Mit den Sonden wurde an insgesamt 16 Positionen im Behälter der zeitliche Verlauf eines injizierten Salztracer-Bolus aufgezeichnet (Abbildung 5.3). Eine detaillierte Beschreibung der Versuche und der Datenauswertung ist in [103] zu finden.

Aus den einzelnen Messungen wurden grafisch die Zirkulationszeiten bestimmt. Dabei wurde für jede Rührerdrehzahl der Mittelwert aus den einzelnen Zirkulationszeiten (bis zu drei Werte aus einer Impulsantwort) bestimmt.

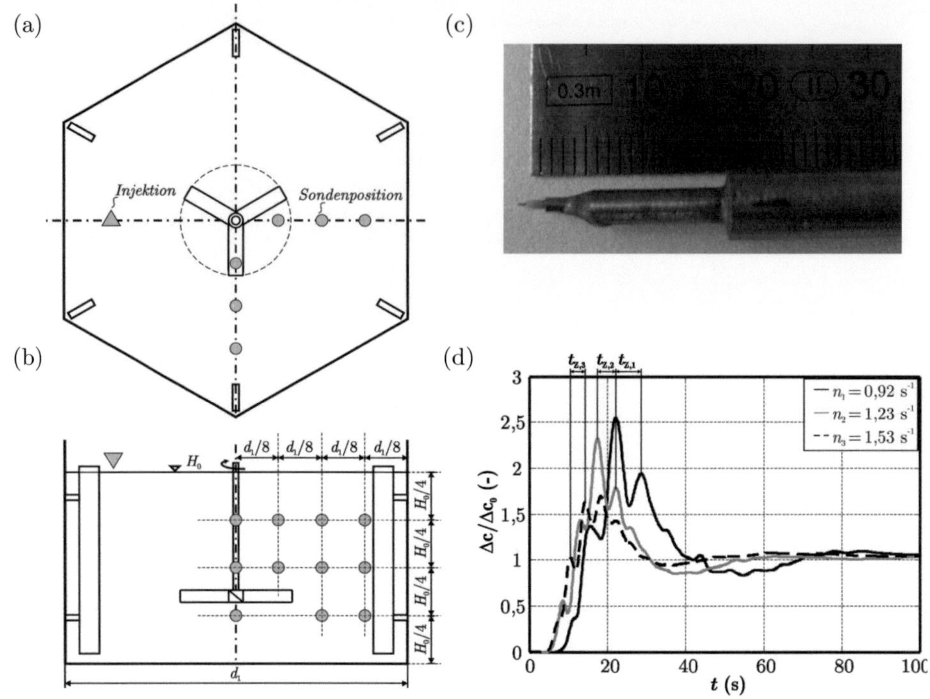

Abbildung 5.3: Referenzmessung von Zirkulationszeiten des Fluids mit Leitfähigkeitsnadelsonden. (a) Draufsicht und (b) Seitenansicht der Sondenpositionen und der Tracer-Injektion im Behälter, (c) Kopf einer Leitfähigkeitsonde mit dem triaxialen Aufbau und (d) Zeitverläufe der normierten Konzentration $\Delta c/\Delta c_0$ an einer Sonde mit den ausgeprägten Oszillationen der Zirkulationsströmung für verschiedene Rührerdrehzahlen.

5.2 Ergebnisse

5.2.1 Einfluss des Staudrucks

An jeder Position des fest montierten Sensorpartikels im Behälter gilt in der BERNOULLIschen-Gleichung (3.22) $p_s = 0$ Pa, wenn keine Rührwerksbewegung ($n = 0{,}0$ s^{-1}) bzw. keine Strömungsgeschwindigkeit ($v = 0$ m·s^{-1}) vorliegt. Unter dieser Voraussetzung kann der an der jeweiligen Position im Behälter gemessene Mittelwert des Drucks $\overline{p}_0$ als Referenzwert für die Summe aus statischem und hydrostatischem Druck p_0 bzw. p_h genutzt werden. Gemäß Gl. (3.22) erhöht sich der für $n > 0{,}0$ s^{-1} gemessene Druck $\overline{p}_n$ gegenüber $\overline{p}_0$ um den Wert des Staudrucks. Eine Abschätzung des mittleren Staudrucks bei Rührerdrehzahlen von mehr als 0,0 s^{-1} liefert demnach die Differenz aus dem Mittelwert des gemessenen Drucks $\overline{p}_n$ und $\overline{p}_0$:

$$\overline{p}_s = \overline{p}_n - \overline{p}_0 \,. \tag{5.1}$$

Die berechneten Werte des mittleren Staudrucks am fest montierten Sensorpartikel sind für alle Messpunkte in Abbildung 5.4a dargestellt. Der höchste mittlere Staudruck ist erwartungsgemäß am Rührwerk vorhanden, da im Rührerstrahl die größten Strömungsgeschwindigkeiten auftreten. Am Boden wird der axiale Rührerstrahl in eine radiale Strömung umgelenkt, sodass auch an dieser Position eine signifikante Anhebung des Mittelwertes gemessen wird. Für beide Positionen tritt eine Proportionalität $\overline{p}_s \propto n^2$ auf. Eine mögliche Ursache dafür ist die Skalierung der Strömungsgeschwindigkeit im Behälter mit der Umfangsgeschwindigkeit am Rührer v_u nach Gl. (2.10). An der Position in Wandnähe am Stromstörer konnte kein signifikanter Anstieg des Mittelwertes gemessen werden, da die mittlere Strömungsgeschwindigkeit in diesem Bereich deutlich geringer als im Rührerstrahl ist.

Bewegt sich der Sensorpartikel frei mit der Hauptströmung im Prozess, ist mit deutlich geringeren Relativgeschwindigkeiten zu rechnen. Daher ist insbesondere in Bezug auf die Zirkulationsströmung im Rührbehälter kein messbarer Offset-Effekt der Druckmessung bzw. der Höhenmessung zu erwarten. Bei der Anwendung im Modellfermenter mit Wasser als Medium sind in Folge der dort auftretenden Zirkulationsströmung STOKES-Zahlen von etwa 1 zu erwarten. Der Schlupf hat für $St_v = 1$ nach Gl. (2.42) einen Wert von 0,5. Für einen Sensorpartikel mit dieser Eigenschaft ist die Relativgeschwindigkeit gegenüber dem fest montierten Sensorpartikel bereits halbiert. Der mittlere Staudruck beträgt in diesem Fall nur 25% der experimentell bestimmten Werte und ist im Rahmen der Genauigkeitsanforderung mit $\overline{p}_s < 50$ Pa (0,005 mWS) bereits vernachlässigbar. Bei der Anwendung in hochviskosen Medien und kleineren STOKES-Zahlen gilt diese Schlussfolgerung auch für höhere Umfangsgeschwindigkeiten am Rührwerk bzw. höhere Strömungsgeschwindigkeiten.

In diese Betrachtung sind jedoch auch Strömungswirbel kleinerer Skalen, welche auf Grund der begrenzten STOKES-Zahlen mit den freien Sensorpartikeln nicht abgebildet werden können, einzubeziehen. Aufgrund der Trägheit der Sensorpartikel führen auftretende kleine Wirbel bzw. Turbulenzen zu einer Fluktuation des Staudrucks. Dies trägt wiederum zu einem Anstieg der Streuung der gemessenen Druckwerte bei. Die durch die Turbulenzen hervorgerufene Signalfluktuation des Drucksignales ist nicht autokorreliert und kann damit als zufällig betrachtet werden. Daher ergibt sich aus der Streuung σ_p des Drucksignales um den jeweiligen Mittelwert und der gemessenen Streuung durch elektrisches Signalrauschen σ_{pu} gemäß

$$\sigma_{pn}^2 = \sigma_p^2 - \sigma_{pu}^2 \tag{5.2}$$

ein Schätzwert für die durch den Staudruck hervorgerufene Signalfluktuation σ_{pn}. Für den nachfolgenden Vergleich mit den Werten der Versuchsreihe als freier Strömungsfolger wurden die gemessenen Zeitverläufe des Drucks am festen Sensorpartikel mit einem digitalen Hochpassfilter (Typ FIR; Ordnung 200; Grenzfrequenz 0,9 Hz) gefiltert. Die so ermittelten Werte der Staudruckstreuung σ_{pn} sind für alle Messpunkte in Abbildung 5.4b dargestellt. Für $n = [0{,}92;\ 1{,}53]\ s^{-1}$ sind am Boden und in Wandnähe erhöhte Werte vorhanden, welche durch auftretende mechanische Schwingungen in der Aufhängung des Sensorpartikels erklärbar sind. Dennoch ist für die Positionen in Rührernähe und am Boden eine Proportionalität $\sigma_{pn} \propto n^2$ zu erkennen.

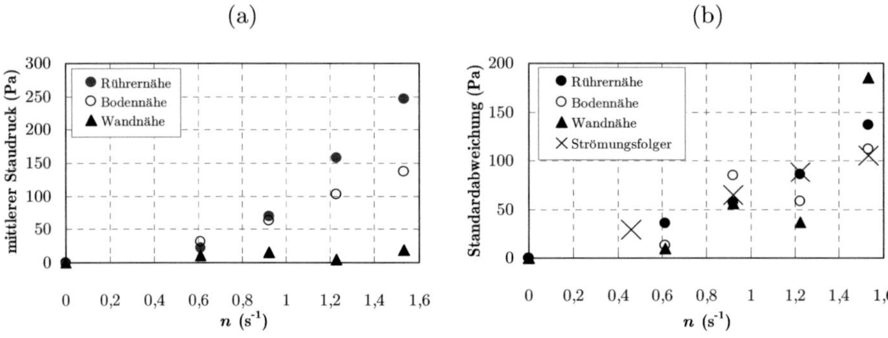

Abbildung 5.4: Vergleich des abgeschätzten Staudrucks an fest montierten und frei beweglichen Sensorpartikeln: (a) mittlerer Staudruck und (b) Staudruckschwankung.

Um die Messdaten des freien Strömungsfolgers mit denen des fest montierten Sensorpartikels vergleichen zu können, sind die durch die freie Strömungsbewegung des Sensorpartikels im Behälter bedingten Druckänderungen im Messsignal zu dämpfen. Dazu wurde der gemessene Zeitverlauf des mit dem Sensorpartikel gemessenen Drucks mit einem digitalen Hochpassfilter (Typ FIR; Ordnung 200; Grenzfrequenz 0,9 Hz) gefiltert. Die Staudruckschwankung wurde für jede Rührerdrehzahl gemäß Gl. (5.2) ermittelt und ist in Abbildung 5.4b dargestellt. Der Vergleich zu den Werten des fest montierten Sensorpartikels zeigt, dass trotz der freien Bewegung des Sensorpartikels mit der Zirkulationsströmung Staudruckschwankungen messbar sind. Dies bestätigt die Annahme, dass turbulente Strömungswirbel auf Grund des Partikelschlupfes einen Einfluss auf den gemessenen Staudruck haben. Dennoch ist die Staudruckschwankung mit $\sigma_{pn} = 105{,}4$ Pa selbst bei der höchsten Drehzahl der Versuchsreihe $n = 1{,}53\ s^{-1}$ relativ gering. Daraus ergibt sich eine ebenfalls geringe Toleranz der Höhenmessung von $\Delta h = 0{,}011$ mWS. Dies bestätigt die bereits in Abschnitt 3.2.3 getroffene Annahme, dass der Staudruck bei der Betrachtung des gesamten Behältervolumens nur einen geringen Einfluss auf die Messung der Eintauchtiefe hat. Demnach ist für größere Behälter ein noch geringerer Einfluss lokaler Staudruckschwankungen im Bereich des Rührers zu erwarten.

5.2.2 Axiale Position: Homogenität und Strömungsdynamik

a. Zeitreihen der axialen Position und der axialen Geschwindigkeit

Die derzeitige Konfiguration der Erfassungselektronik erlaubt die Verfolgung der axialen Position und der axialen Geschwindigkeit der Sensorpartikel auf der Basis der gemessenen Eintauchtiefe als Funktion des hydrostatischen Drucks. Entsprechend der Achsenorientierung im Rührbehälter (Abbildung 2.1) wird aus der nach Gl. (3.23) berechneten Eintauchtiefe $h(t)$ die axiale Position $z(t)$ gemäß

$$z(t) = H_0 - h(t) \tag{5.3}$$

berechnet. Zur Reduzierung des verbleibenden Rauschens in den Messdaten der axialen Position wird ein FIR-Tiefpassfilter mit der Ordnung 500 und der Grenzfrequenz $f_g = 1{,}3$ Hz verwendet. Vorteilhafterweise wird z auf die Füllhöhe H_0 normiert, um eine einheitliche Darstellung der Ergebnisse zu erhalten. Die axiale Geschwindigkeit wird aus der ersten zeitlichen Ableitung von $z(t)$ berechnet.

Anhand der unverarbeiteten Zeitreihen $z(t)$ und $v_z(t) = \dot{z}(t)$ können ausschließlich qualitative Aussagen über den Prozess getroffen werden, wie die beispielhaften Abschnitte der Zeitreihen der Versuche in Wasser zeigen (Abbildung 5.5). Der Einfluss der höheren Rührerdrehzahl zeigt sich in kürzeren Perioden von $z(t)$ und höheren Amplituden von $v_z(t)$. Auf Grund des chaotischen Charakters des zugrunde liegenden Strömungsprozesses können anhand einer grafischen Auswertung der Zeitreihen keine globalen Aussagen über den Prozess getroffen werden. Daher ist die weitere Verarbeitung der Zeitreihen unerlässlich.

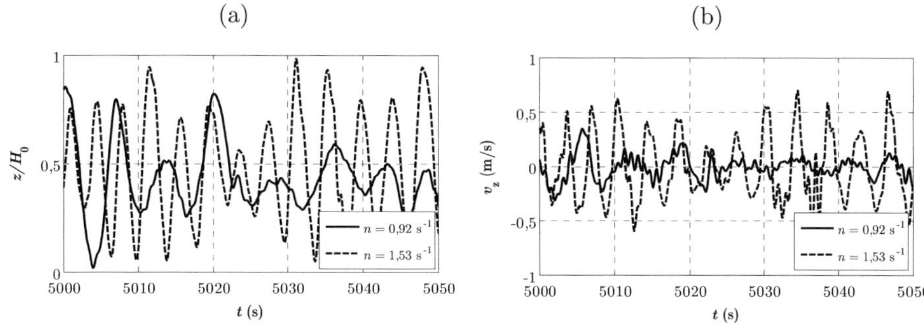

Abbildung 5.5: Abschnitte (a) der Zeitreihen der axialen Position und (b) der Zeitreihen der axialen Geschwindigkeit von Sensorpartikel 3 für die Drehzahlen 0,92 s^{-1} und 1,53 s^{-1} in Wasser.

b. Häufigkeitsverteilungen von $z(t)$ und $v_z(t)$

Mit der Anwendung statistischer Methoden auf die Zeitreihen können globale Informationen über den Prozess extrahiert werden. Das Histogramm der gemessenen Werte $z(t)$ über mehrere Klassen Δz ist eine Abschätzung für das axiale Aufenthaltsprofil der Sensorpartikel. In gleicher Weise kann $\dot{z}(t)$ analysiert werden. Das Histogramm von $\dot{z}(t)$ ist eine Abschätzung für das Häufigkeitsprofil der axialen Geschwindigkeitskomponente. Anhand dieser Häufigkeitsprofile ist ein erster Vergleich der Strömungsbedingungen bei den untersuchten Rührerdrehzahlen in den beiden Fluiden möglich (Abbildung 5.6).

Die axialen Aufenthaltsprofile von Sensorpartikel 3 in Wasser weisen keine signifikante Abweichung in Abhängigkeit von der Rührerdrehzahl auf (Abbildung 5.6). Bei allen Drehzahlen ist eine gleichbleibende Homogenität vorhanden. Betrachtet man das Sensorpartikel als Teil des Fluidsystems, kann die ermittelte Homogenität des Aufenthaltsprofils auch als guter Austausch zwischen Fluidelementen interpretiert werden. Der Bereich nahe am Flüssigkeitsspiegel erscheint schlechter vermischt als der Bereich nahe am Boden. Es ist jedoch anzunehmen, dass die Sensorpartikel durch ihre erhöhte Trägheit in Wasser den Bereich am Flüssigkeitsspiegel besonders selten erreichen. Damit wird für diesen Bereich die Aufenthaltswahrscheinlichkeit bzw. die Interaktion zwischen Fluidelementen unterschätzt. Dennoch ist die Indikation einer schlechteren Durchmischung in rührerfernen Bereichen nicht unlogisch, da mit zunehmender Entfernung vom Rührwerk bereits mehr Energie im Fluid dissipiert ist.

Gegenüber den axialen Aufenthaltsprofilen für Wasser nehmen die Häufigkeitswerte für die Glycerin-Lösung in Richtung des Flüssigkeitsspiegels stärker ab (Abbildung 5.6). Dies lässt auf eine schlechtere Vermischung schließen. Zudem ist die Abnahme nicht monoton. Bei $z/H_0 \approx 0{,}9$ erreichen die Aufenthaltsprofile ein zweites Maximum, was auf eine schlecht vermischte Zone hindeutet, in der die Sensorpartikel länger verweilen. Weiterhin ist für die höheren Rührerdrehzahlen gegenüber $n = 0{,}92\ \mathrm{s}^{-1}$ eine leichte Abflachung der Aufenthaltsprofile zu erkennen. Da die REYNOLDS-Zahlen im kritischen Bereich liegen, hat hier die Erhöhung der Rührerdrehzahl einen signifikanten Einfluss auf die Ausbildung einer stabilen Zirkulationsströmung und damit auch auf die axiale Homogenität der Vermischung. Eine Verminderung des zweiten Häufigkeitsmaximums bei $z/H_0 \approx 0{,}9$ ist für $n = 1{,}53\ \mathrm{s}^{-1}$ bereits erkennbar. Für höhere Rührerdrehzahlen ist eine weitere Homogenisierung des Profiles zu erwarten.

Die Häufigkeitsprofile der axialen Geschwindigkeitskomponente geben die Erhöhung der Strömungsdynamik in Abhängigkeit von der Rührerdrehzahl wieder (Abbildung 5.6). Mit zunehmender Rührerdrehzahl werden die Häufigkeitsverteilungen flacher und es werden größere Geschwindigkeitsamplituden erfasst. Zwischen Wasser und der Glycerin-Lösung sind anhand der Profile nur geringfügige Unterschiede erkennbar. Für die Glycerin-Lösung sind die Profile stärker zu negativen Geschwindigkeitsamplituden verschoben.

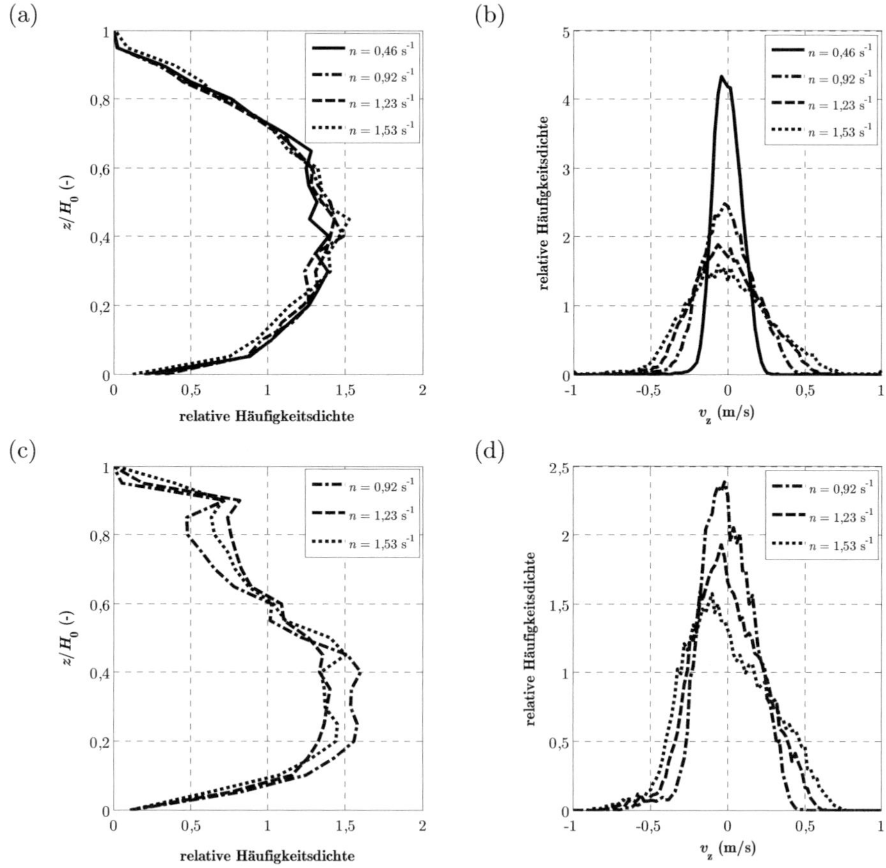

Abbildung 5.6: (a,c) Axiale Aufenthaltsprofile (20 Klassen, Klassenbreite $\Delta z/H_0 = 0{,}05$) und (b,d) Häufigkeitsprofile der axialen Geschwindigkeitskomponente (100 Klassen, Klassenbreite $\Delta \dot{z} = 0{,}02\ m{\cdot}s^{-1}$) für (a,b) Wasser und (c,d) Glycerin-Lösung für die untersuchten Drehzahlen aus jeweils $2{\cdot}10^4$ Messwerten von Sensorpartikel 3.

c. Einfluss der Partikeldichte auf die Häufigkeitsprofile

Im Vergleich zu den Häufigkeitsprofilen des auftriebsneutralen Sensorpartikels zeigen die Profile der leichteren und der schwereren Sensorpartikel erwartungsgemäß Abweichungen. Die Profile für Wasser sind in Abbildung 5.7 abgebildet. Bei der niedrigsten Rührerdrehzahl in Wasser sind die Aufenthaltsprofile der Sensorpartikel 1 und 6 sehr inhomogen (Abbildung 5.7). Bei Sensorpartikel 6 verhindert die große Gewichtskraft das permanente Aufwirbeln des Partikels vom Behälterboden. Dadurch entsteht ein Maximum in Bodennähe. Der Bereich oberhalb von $z/H_0 = 0{,}7$ wird von Sensorpartikel 6 durch dessen hohe Dichte bei dieser Rührerdrehzahl nicht erreicht. Bei den höheren Rührerdrehzahlen $n \geq 0{,}92\ \text{s}^{-1}$ sind die Aufenthaltsprofile deutlich homogener. Im Vergleich zu Sensorpartikel 3 ist die Aufenthaltswahrscheinlichkeit bei $z/H_0 > 0{,}8$ geringer. Mit zunehmender Rührerdrehzahl wird diese Abweichung jedoch kleiner.

Im Gegensatz zu Sensorpartikel 6 ist bei $n = 0{,}46\ \text{s}^{-1}$ das Aufenthaltsprofil von Sensorpartikel 1 homogener (Abbildung 5.7). Das Sensorpartikel 1 wird trotz dessen hoher Auftriebskraft vom Flüssigkeitsspiegel abgesaugt. Jedoch erreicht dieser den Bereich unterhalb des Rührwerkes bei $z/H_0 < 0{,}3$ sehr selten. Bei den höheren Rührerdrehzahlen werden auch bei Sensorpartikel 1 die Aufenthaltsprofile homogener. Es verbleibt jedoch gegenüber Sensorpartikel 3 eine verminderte Aufenthaltswahrscheinlichkeit bei $z/H_0 < 0{,}2$, welche mit steigender Drehzahl zunehmend die Werte von Sensorpartikel 3 anstrebt.

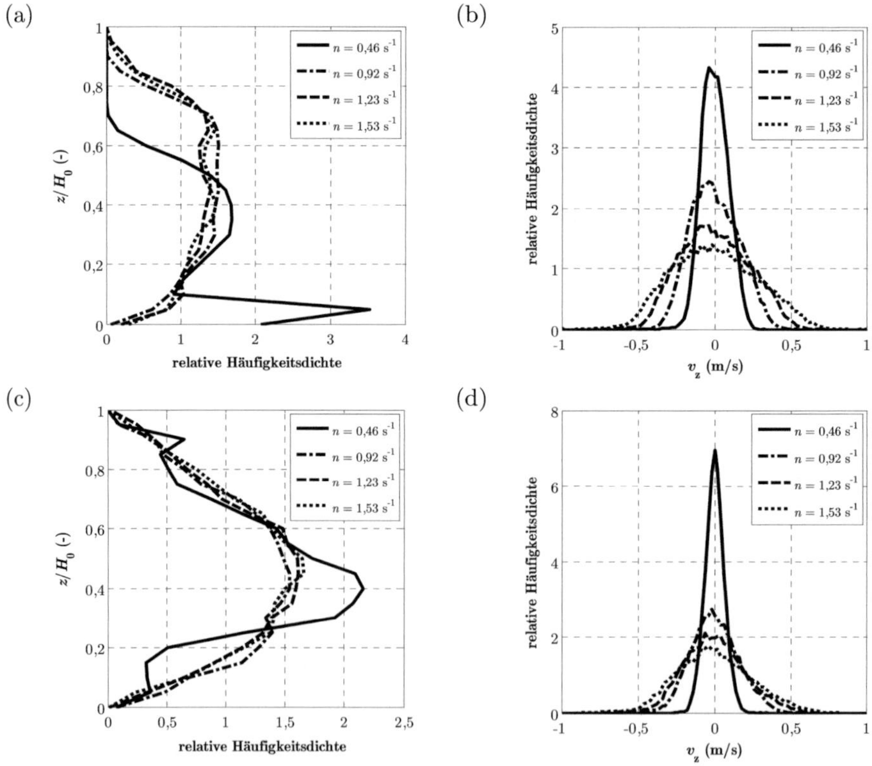

Abbildung 5.7: (a,c) Axiale Aufenthaltsprofile (20 Klassen, Klassenbreite $\Delta z/H_0 = 0{,}05$) und (b,d) die Häufigkeitsprofile der axialen Geschwindigkeitskomponente (100 Klassen, Klassenbreite $\Delta \dot{z} = 0{,}02\ \text{m·s}^{-1}$) für (a,b) Sensorpartikel 6 und (c,d) Sensorpartikel 1 für die untersuchten Drehzahlen aus jeweils $2 \cdot 10^4$ Messwerten in Wasser.

Die Häufigkeitsprofile der axialen Geschwindigkeitskomponente von Sensorpartikel 6 sind in Wasser etwas flacher als die von Sensorpartikel 3, was auf die verminderte Aufenthaltswahrscheinlichkeit im schlechter durchmischten Bereich des Behälters zurückzuführen ist. Im Gegensatz dazu sind die Häufigkeitsprofile der axialen Geschwindigkeitskomponente von Sensorpartikel 1 steiler, was auf die erhöhte Aufenthaltswahrscheinlichkeit im schlechter durchmischten Bereich des Behälters zurückzuführen ist.

Bei der Glycerin-Lösung ist gegenüber Wasser das Aufwirbeln von Sensorpartikel 6 deutlich erschwert, wodurch für $n \leq 1{,}23\ \mathrm{s}^{-1}$ ein Maximum der Aufenthaltswahrscheinlichkeit in Bodennähe resultiert (Abbildung 5.8). Erst bei $n \geq 1{,}53\ \mathrm{s}^{-1}$ wird das schwere Sensorpartikel permanent aufgewirbelt. Das Aufenthaltsprofil ist bei dieser Rührerdrehzahl jedoch fast identisch mit dem von Sensorpartikel 3. Demgegenüber ist bei $n = 0{,}92\ \mathrm{s}^{-1}$ das Aufenthaltsprofil von Sensorpartikel 1 homogener. Im Vergleich zu Sensorpartikel 3 ist im Bereich unter der Rührwerksebene bei $z/H_0 < 0{,}35$ die Aufenthaltswahrscheinlichkeit geringer und bei $z/H_0 > 0{,}7$ höher. Aufgrund des hohen Auftriebs drängt das leichte Sensorpartikel 1 nach oben und kann aufgrund der schwächeren Strömung schlechter aus dieser Zone abgesaugt werden. Für die höheren Drehzahlen wird diese Abweichung vermindert.

Abgesehen von den großen Abweichungen durch das erschwerte Aufwirbeln von Sensorpartikel 6 bei $n \leq 1{,}23\ \mathrm{s}^{-1}$ hat in der Glycerin-Lösung im Vergleich zu Wasser die Dichte einen geringeren Einfluss auf die Häufigkeitsprofile der axialen Geschwindigkeitskomponente. Für $n = 1{,}53\ \mathrm{s}^{-1}$ ist das Häufigkeitsprofil von Sensorpartikel 6 nur geringfügig flacher als von Sensorpartikel 3. Die Abweichungen der Häufigkeitsprofile von Sensorpartikel 1 sind selbst bei der niedrigsten Rührerdrehzahl geringer als in Wasser.

Folgende Aussagen können anhand dieser Untersuchung getroffen werden:

- Ein Einfluss der Dichte der Sensorpartikel auf deren Strömungsverhalten ist messbar.
- Dieser Einfluss wird durch die sowohl mit zunehmender Rührerdrehzahl als auch mit steigender Viskosität des Fluids ansteigenden Fluidkräfte erwartungsgemäß geringer.
- Für die hochviskosen Substrate von Biogasfermentern und praxisrelevante REYNOLDS-Zahlen in Mischprozessen ist ein sehr geringer Einfluss der Dichtetoleranz der montierten Sensorpartikel von ±0,1% und selbst der maximalen Toleranz von +0,5% auf das Strömungsverhalten der Sensorpartikel zu erwarten.
- Die variable Dichte der Sensorpartikel kann zur Untersuchung des Suspensionsverhaltens von Partikeln in mit Feststoff beladenen Fluiden genutzt werden.

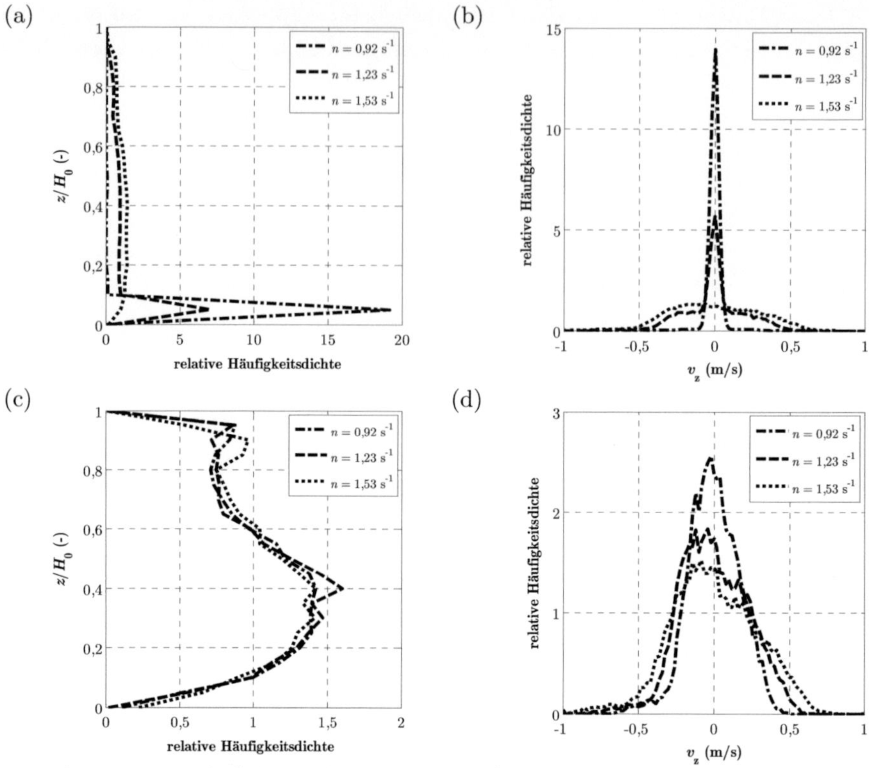

Abbildung 5.8: (a,c) Axiale Aufenthaltsprofile (20 Klassen, Klassenbreite $\Delta z/H_0 = 0{,}05$) und (b,d) die Häufigkeitsprofile der axialen Geschwindigkeitskomponente (100 Klassen, Klassenbreite $\Delta \dot{z} = 0{,}02$ m·s^{-1}) für (a,b) Sensorpartikel 6 und (b,d) Sensorpartikel 1 für die untersuchten Drehzahlen aus jeweils $2{\cdot}10^4$ Messwerten in der Glycerin-Lösung.

d. Phasenportraits der Partikelbewegung

Das Phasenportrait, d. h. die Abhängigkeit des Aufenthaltsortes $z(t)$ von der axialen Geschwindigkeit $v_z(t)$, gibt den Einfluss der Strömungsbedingungen auf die axiale Verteilung der axialen Geschwindigkeitskomponente wieder (Abbildung 5.9).

Die Phasenportraits zeigen unter diesen Prozessbedingungen den chaotischen Charakter des zugrundeliegenden Mischprozesses. Verdichtete Bereiche im Phasenportrait heben charakteristische Trajektorien hervor. Dadurch wird der axiale Verlauf der Zirkulationsströmung markiert. Für Wasser sind die Trajektorien gleichmäßig über der Behälterhöhe verteilt, was auf eine gleichmäßige Vermischung hindeutet. Hingegen sind die Trajektorien für die Glycerin-Lösung in Richtung der Flüssigkeitsoberfläche deutlich enger. Zudem sind die Trajektorien nicht so gleichmäßig über der Behälterhöhe verteilt. Es ist eine charakteristische kreisförmige Trajektorie unterhalb von $z/H_0 = 0{,}6$ erkennbar. Dies deutet darauf hin, dass die Zirkulationsströmung in der Glycerin-Lösung nicht den gesamten Behälter erfasst und

Bereiche oberhalb von $z/H_0 = 0{,}6$ im Vergleich zu Wasser weniger intensiv durchmischt werden. Damit lässt sich auch das zweite Maximum nahe der Flüssigkeitsoberfläche im axialen Aufenthaltsprofil erklären (Abbildung 5.6).

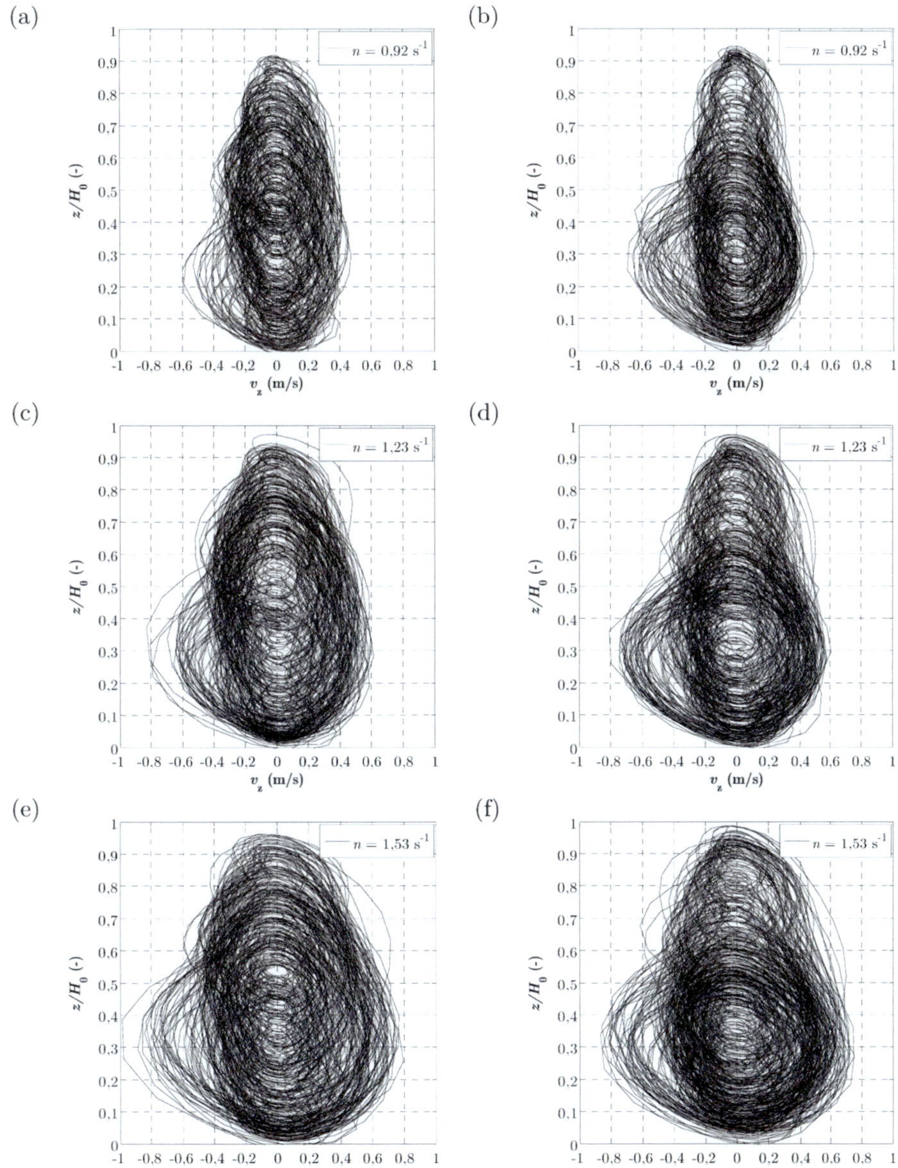

Abbildung 5.9: Phasenportraits von Sensorpartikel 3 aus $1{\cdot}10^4$ Messwerten bei verschiedenen Rührerdrehzahlen für (a, c, e) Wasser und (b, d, f) Glycerin-Lösung.

Die Zunahme der Geschwindigkeit mit steigender Rührerdrehzahl ist an der Verbreiterung der Phasenportraits erkennbar. Im Bereich des Rührwerks bei $z/H_0 \approx 0{,}35$ erreicht die axiale Geschwindigkeit im negativen Bereich erwartungsgemäß ihr Maximum. In diesem Bereich erfolgt die Energieübertragung von den Rührerblättern auf das Fluid und eine abwärtsgerichtete Beschleunigung der Fluidelemente. Der unmittelbare Rührerbereich wird von den Sensorpartikeln in Wasser weniger häufig erreicht als in der Glycerin-Lösung. Dies bestätigt weiterhin das verbesserte Strömungsfolgeverhalten der Sensorpartikel in der Glycerin-Lösung, welches mit der Abschätzung der STOKES-Zahl vorhergesagt wurde (Tabelle 5.3). Nach dem Passieren des Rührerstrahles wird die Zirkulationsströmung in eine aufwärtsgerichtete Wandsströmung umgelenkt. Daher erreicht die axiale Geschwindigkeit der Sensorpartikel im Bereich positiver Amplituden bei $z/H_0 \approx 0{,}35$ ebenfalls ein globales Maximum.

5.2.3 Beschleunigungsanalyse

a. Zeitreihe des Beschleunigungsbetrags

Aus den mit dem Inertialsensor gemessenen Richtungskomponenten a_x, a_y und a_z wird der Betrag $\boldsymbol{a}_g(t)$ der Beschleunigung gemäß

$$\boldsymbol{a}_g(t) = \sqrt{a_x^2 + a_y^2 + a_z^2} \tag{5.4}$$

berechnet. Die Beschleunigung $\boldsymbol{a}_g(t)$ hat durch die auf das Sensorpartikel wirkende Schwerebeschleunigung g einen statischen Anteil. Um die auf das Sensorpartikel bezogene dynamische Beschleunigung $\boldsymbol{a}(t)$ zu erhalten, wird zusätzlich der in $\boldsymbol{a}_g(t)$ enthaltene statische Anteil, also die Schwerebeschleunigung g, subtrahiert:

$$\boldsymbol{a}(t) = \left|\boldsymbol{a}_g(t) - \mathrm{g}\right|. \tag{5.5}$$

Die Zeitreihe $\boldsymbol{a}(t)$ enthält Muster, welche für die weitere Charakterisierung der Strömungsdynamik herangezogen werden können (Abbildung 5.10). Im zeitlichen Verlauf des Beschleunigungsbetrags sind während der Abwärtsbewegung des Sensorpartikels durch die Rührwerksebene Signalspitzen vorhanden. Diese Spitzen sind am höchsten, wenn das Sensorpartikel das Rührwerk passiert. Mit Zunahme der Rührerdrehzahl erhöht sich die Intensität der Spitzen und die zeitlichen Abstände verringern sich synchron mit der oszillierenden Eintauchtiefe. Für eine aussagekräftigere Darstellung dieses Zusammenhangs ist die Betrachtung des Amplitudenspektrums im Frequenzbereich sinnvoll.

(a)

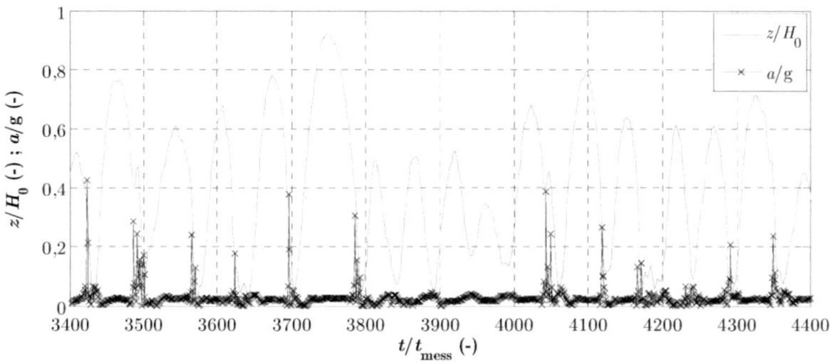

(b)

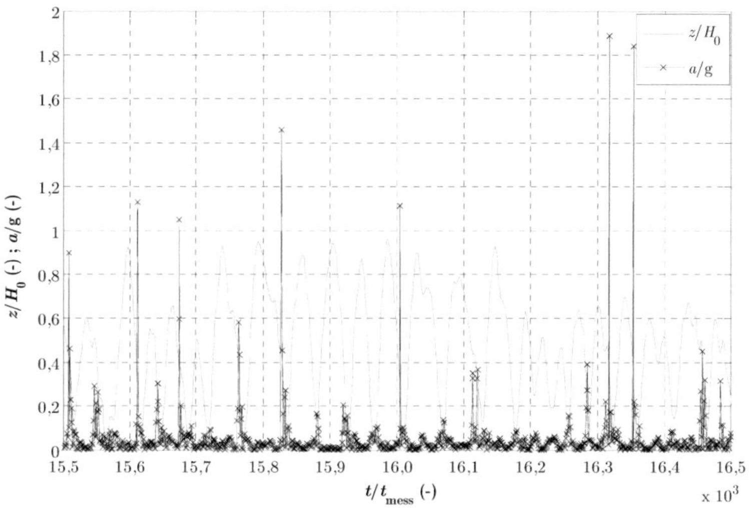

Abbildung 5.10: Zeitreihen des normierten Beschleunigungsbetrags $a(t)/\mathrm{g}$ und der Position $z(t)$ für (a) $n = 0{,}92\ \mathrm{s}^{-1}$ und (b) $n = 1{,}53\ \mathrm{s}^{-1}$ von Sensorpartikel 3 in der Glycerin-Lösung.

b. Amplitudenspektrum des Beschleunigungsbetrags

Die Abhängigkeit des Beschleunigungsbetrags von der Rührerdrehzahl wird im Amplitudenspektrum deutlich (Abbildung 5.11). Über den gesamten Frequenzbereich ist ein Anstieg von $a(t)$ für steigende Rührerdrehzahlen vorhanden. Weiterhin ist für Wasser eine signifikante Erhöhung der Amplituden bei $f < 0{,}5$ Hz vorhanden, welche die charakteristische Oszillationsfrequenz der Sensorpartikel in der Zirkulationsströmung bzw. die Zirkulationszeit wiedergibt. Diese Frequenz erhöht sich erkennbar mit der Rührerdrehzahl. Für die Glycerin-Lösung sind die Amplituden in diesem Frequenzbereich geringer und das Spektrum in diesem Bereich deutlich flacher als in Wasser, was auf eine schwächere Zirkulationsströmung hindeutet.

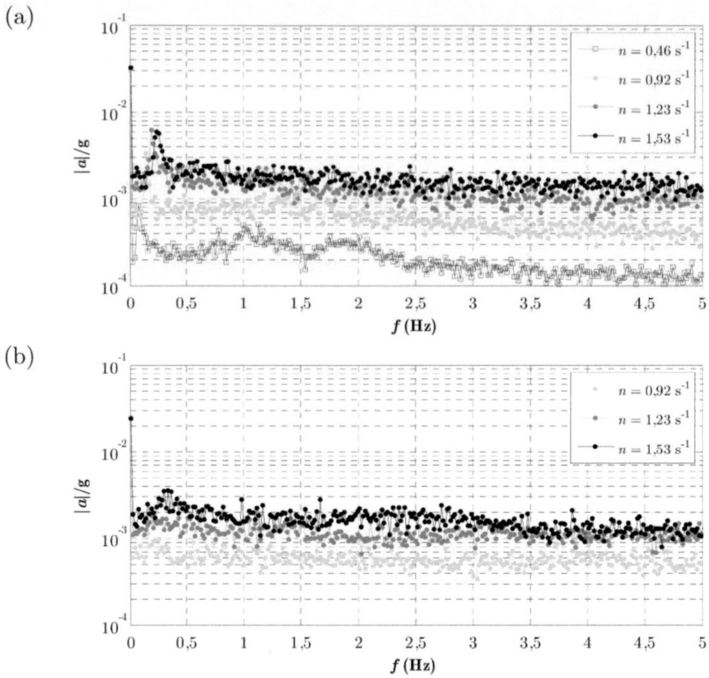

Abbildung 5.11: Amplitudenspektrum des normierten Beschleunigungsbetrags von Sensorpartikel 3 für (a) Wasser und (b) die Glycerin-Lösung für alle untersuchten Rührerdrehzahlen aus 2^{14} Messwerten. Dargestellt sind die Maximalwerte des normierten Beschleunigungsbetrags aus Frequenzgruppen von je 25 benachbarten Werten ($\Delta f \approx 15{,}3 \cdot 10^{-3}$ Hz).

c. Häufigkeitsverteilung der Beschleunigungskomponenten

Die Häufigkeitsverteilungen der Beschleunigungskomponenten liefern ergänzende Informationen über die bevorzugte Lage des Sensorpartikels und die Kopplung zwischen Fluid und Sensorpartikel (Abbildung 5.12). Die bevorzugte Lage des Sensorpartikels ist anhand der Häufigkeitsverteilung von a_z erkennbar. Das Sensorpartikel ist überwiegend vertikal ausgerichtet. Dies liegt an der exzentrischen Position des Massenschwerpunktes. Dieser liegt axial unter dem Volumenschwerpunkt des Sensorpartikels. Auslenkungen aus dieser Vorzugslage und horizontale Beschleunigungen führen zu messbaren Amplituden auf der x- und y-Achse.

Beim Vergleich der Häufigkeitsprofile zwischen Wasser und der Glycerin-Lösung fällt auf, dass die Profile für die Glycerin-Lösung deutlich flacher sind. Das Sensorpartikel erfährt in der Glycerin-Lösung trotz geringerer REYNOLDS-Zahlen als in Wasser häufiger höhere Beschleunigungswerte. Dies zeugt von einer besseren Kopplung des Sensorpartikels mit dem Fluid und bestätigt die theoretischen Betrachtungen zur STOKES-Zahl.

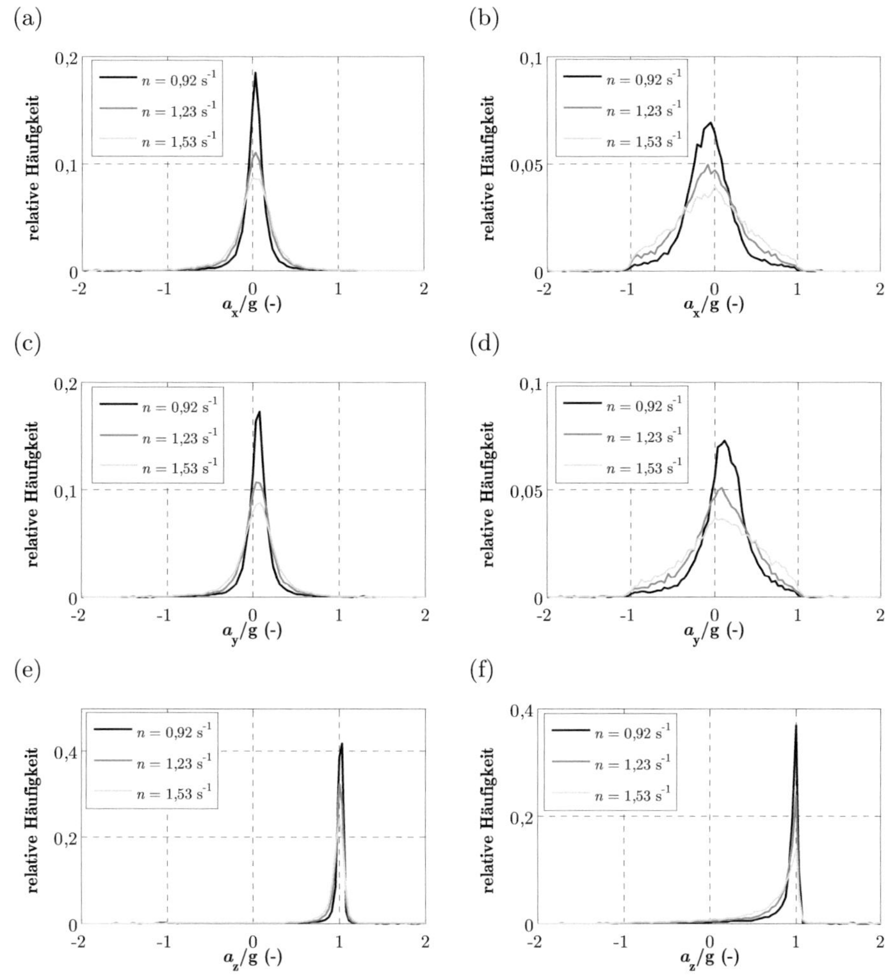

Abbildung 5.12: Häufigkeitsverteilung der Beschleunigungskomponenten a_x, a_y und a_z von Sensorpartikel 3 für (a, c, e) Wasser und (b, d, f) Glycerin-Lösung für Rührerdrehzahlen $n = [0{,}92;\ 1{,}23;\ 1{,}53]\ \mathrm{s}^{-1}$.

5.2.4 Zirkulationszeiten

a. Zirkulationszeitverteilung

Die auf eine Ebene im Behälter bezogene Zirkulationszeit t_z des Sensorpartikels wird aus der Zeitreihe $z(t)$ ermittelt (Abbildung 5.13). Wie im Beispiel werden in der Zeitreihe die richtungsabhängigen Durchgänge des Sensorpartikels durch die Bezugsebene, welche hier die Rührwerksebene $z/H_0 = 0{,}35$ ist, ermittelt. Die

Zeitabstände zwischen diesen Durchgängen stellen die Grundgesamtheit für die Zirkulationszeitverteilung dar.

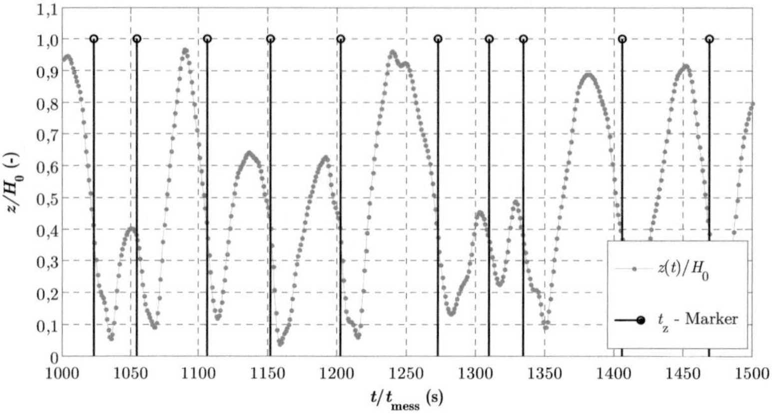

Abbildung 5.13: Darstellung der für die Ermittlung der Zirkulationszeiten verwendeten Durchtritte durch eine Bezugsebene (hier die Rührwerksebene bei $z/H_0 = 0{,}35$) als Marker in der Zeitreihe $z(t)/H_0$ von Sensorpartikel 3 in der Glycerin-Lösung bei $n = 1{,}53\ s^{-1}$.

Ein erster Vergleich der Zirkulationszeitverteilungen kann mit Bezug auf die Rührwerksebene erfolgen (Abbildung 5.14). Die Zirkulationszeitverteilungen für Wasser und Glycerin-Lösung zeigen, dass eine deutliche Ähnlichkeit zur logarithmischen Normalverteilung vorliegt. Dies wurde bereits in den Experimenten von BRYANT und DAY gezeigt [32], [35]. Die Verkleinerung der Zirkulationszeiten mit zunehmender Rührerdrehzahl wird deutlich abgebildet. Im Vergleich zu Wasser sind die Zirkulationszeiten für die Glycerin-Lösung in der Rührwerksebene jedoch kleiner. Als Ursache dafür werden folgende Punkte erachtet:

- Die axial begrenzte Zirkulationsströmung in der Glycerin-Lösung führt zu kürzeren Zirkulationswegen und damit zu kürzeren Zirkulationszeiten mit Bezug auf $z/H_0 = 0{,}35$.
- Der Zirkulationspunkt liegt für Wasser oberhalb der Rührwerksebene bei $z/H_0 > 0{,}35$, wo kleinere Werte der Zirkulationszeit zu erwarten sind.
- Entsprechend der STOKES-Zahlen besteht in Wasser ein größerer Schlupf der Sensorpartikel, sodass die Zirkulationszeiten überschätzt werden.

Die Bestimmung der Zirkulationspunkte kann vorteilhaft durch die Untersuchung der axialen Verteilung der mittleren Zirkulationszeiten und der Streuung erfolgen.

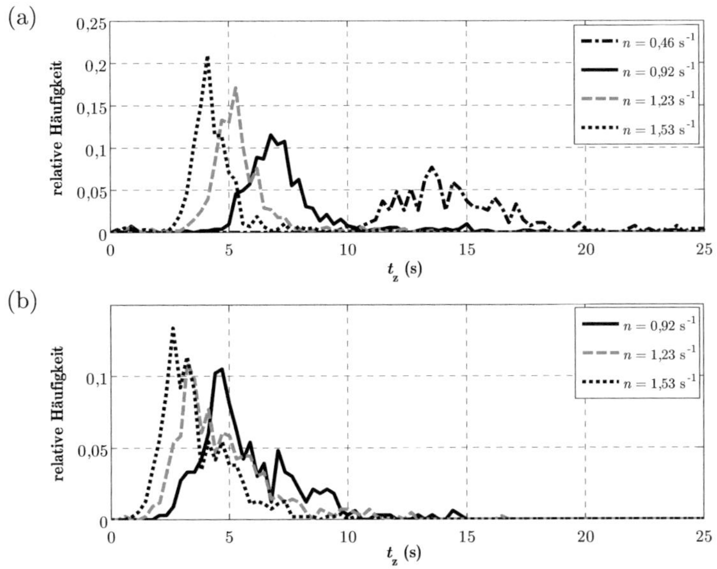

Abbildung 5.14: Zirkulationszeitverteilungen von Sensorpartikel 3 in der Rührwerksebene bei $z/H_0 = 0{,}35$ für die untersuchten Rührerdrehzahlen für die Messungen in (a) Wasser und (b) Glycerin-Lösung.

b. Axiale Verteilung von Mittelwert und Streuung der Zirkulationszeitverteilung

Als Grundlage für die axiale Verteilung wurden die Zirkulationszeitverteilungen für mehrere Bezugsebenen bestimmt. Die Darstellung der Mittelwerte $\bar{t}_Z$ und der Streuung σ_Z der Zirkulationszeitverteilung über der axialen Position z liefert ergänzende Informationen über die axiale Homogenität des Mischprozesses und die Lage des Zirkulationspunktes (Abbildung 5.15). Die Ebene mit der kleinsten mittleren Zirkulationszeit wird als Ebene des Zirkulationspunktes betrachtet. Bei Wasser ist diese für alle Drehzahlen im Bereich $z/H_0 = 0{,}40...0{,}45$ zu finden und liegt damit oberhalb der Rührwerksebene. Der Verlauf der Mittelwerte ist in diesem Bereich jedoch sehr flach. Dies lässt auf einen axial gestreckten Zirkulationspunkt schließen. Die Werte der Streuung zeigen im Bereich $z/H_0 = 0{,}40...0{,}45$ minimale Werte, was die Lage des Zirkulationspunktes bestätigt. Mit zunehmender Entfernung vom Bereich des Zirkulationspunktes nehmen $\bar{t}_Z$ und σ_Z erwartungsgemäß zu, da der Sensorpartikel tendenziell auch außerhalb der jeweiligen Bezugsebene zirkuliert.

Bei der Glycerin-Lösung liegen die Minimalwerte über alle Drehzahlen im Bereich $z/H_0 = 0{,}30...0{,}35$. Demnach liegt der Zirkulationspunkt in der Rührwerksebene. Oberhalb der Rührwerksebene steigen die Werte stärker an als in Wasser. Dies bestätigt die Schlussfolgerungen aus Abschnitt 5.2. Gegenüber Wasser ist die

Zirkulationsströmung im oberen Behälterbereich viel schwächer, sodass die lokalen Zirkulationszeiten größer sind.

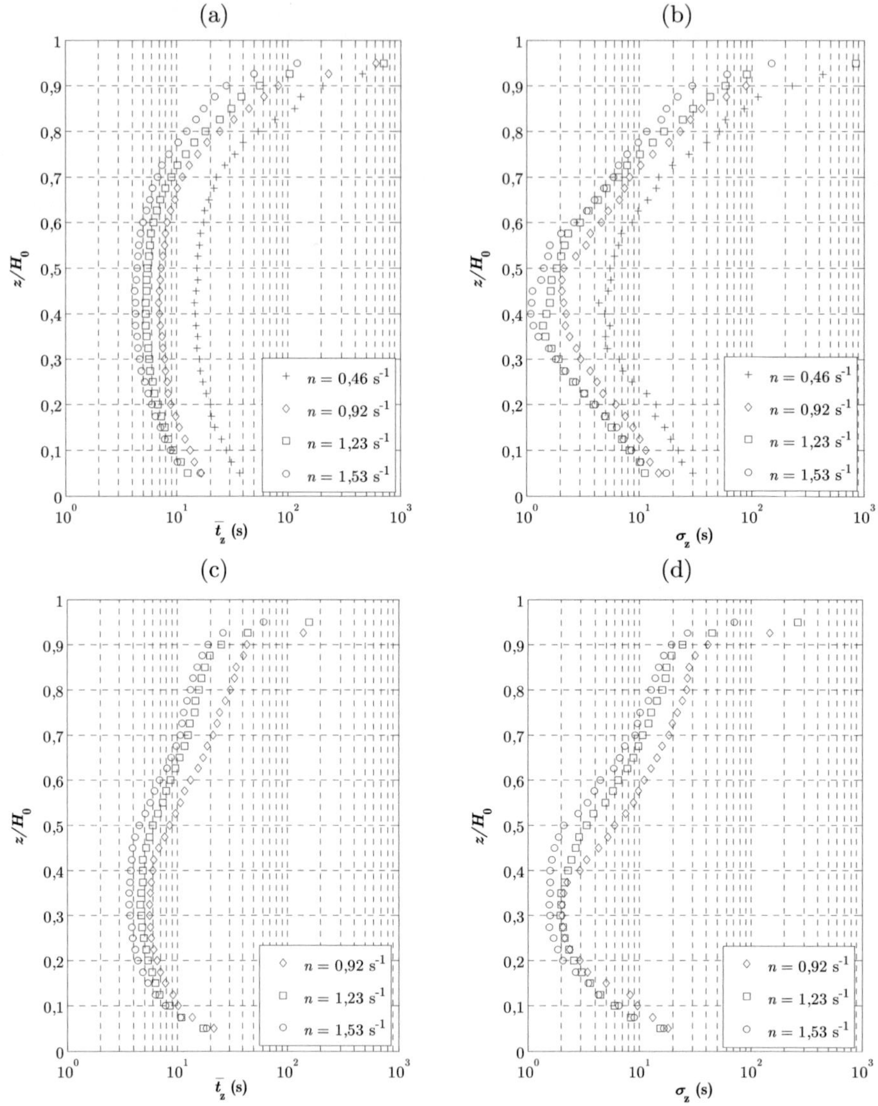

Abbildung 5.15: Axiale Verteilung (a,c) der Mittelwerte $\overline{t_Z}$ der Zirkulationszeitverteilungen und (b,d) der Streuung σ_Z der Zirkulationszeitverteilungen von Sensorpartikel 3 in (a,b) Wasser und (b,d) Glycerin-Lösung.

c. Vergleich zur Referenzmessung

Die aus den Messwerten der Leitfähigkeitsonden (Abschnitt 5.1.4) ermittelten Werte $\bar{t}_{Z;LF}$ entsprechen einer räumlichen Mittelwertbildung im Bereich $z/H_0 = 0{,}25...0{,}75$ und $r/r_1 = 0{,}25...0{,}75$ für jede Rührwerksdrehzahl (Tabelle 5.4). Dieser Mittelwert repräsentiert die effektive Zirkulationszeit der Fluidelemente. Um die Werte des Sensorpartikels mit den Werten der Leitfähigkeitsnadelsonden vergleichen zu können, wurden die Werte der axialen Verteilung von $\bar{t}_Z$ (Abbildung 5.15) ebenfalls im Bereich $z/H_0 = 0{,}25...0{,}75$ gemittelt.

Der Vergleich der Zirkulationszeiten zeigt, dass die Sensorpartikel die effektiven Zirkulationszeiten der Fluidelemente proportional abbilden. Der Schlupf der Sensorpartikel in der Zirkulationsströmung kann aus den Messwerten gemäß

$$\phi' = 1 - \frac{\bar{t}_{Z;LF}}{\bar{t}_{Z;p}} \approx 1 - \frac{v_p}{v_f} \tag{5.6}$$

abgeschätzt werden. Die aus den STOKES-Zahlen nach Gl. (2.42) für die Zirkulationsströmung berechneten Werte ergaben $\phi = 0{,}63...0{,}32$ (Tabelle 5.3). Die messwertbasierte Abschätzung nach Gl. (5.6) mit $\phi' = 0{,}25...0{,}22$ lässt dagegen auf ein deutlich besseres Strömungsfolgeverhalten der Sensorpartikel in Wasser schließen. Dennoch ist die Abweichung zur effektiven Zirkulationszeit bei Wasser um den Faktor 3 höher als bei der Glycerin-Lösung, was die aus den STOKES-Zahlen abgeleitete Tendenz bestätigt (Abschnitt 5.1.3). Für die Glycerin-Lösung ist eine sehr gute Übereinstimmung der theoretischen Werte von $\phi = 0{,}10...0{,}07$ mit den nach Gl. (5.6) ermittelten Werten von $\phi' = 0{,}10...0{,}08$ vorhanden. Mit der geringeren STOKES-Zahl des Sensorpartikels in der Glycerin-Lösung wird der Schlupf gegenüber dem Fluid geringer. Es ist davon auszugehen, dass bei dem Einsatz der Sensorpartikel in Fluiden mit noch höheren Viskositäten, wie sie bei typischen Biogassubstraten auftreten, der Schlupf weiter abnimmt bzw. vernachlässigbar wird.

Tabelle 5.4: Vergleich der im Bereich $z/H_0 = 0{,}25...0{,}75$ gemittelten Zirkulationszeiten der Sensorpartikel $\bar{t}_{Z;p}$ und der Leitfähigkeitsnadelsonden $\bar{t}_{Z;LF}$ für verschiedene Rührerdrehzahlen.

		Wasser			Glycerin-Lösung		
n	(s^{-1})	0,92	1,23	1,53	0,92	1,23	1,53
$\bar{t}_{Z;p}$	(s)	8,6	6,5	5,2	11,2	7,5	6,0
$\bar{t}_{Z;LF}$	(s)	6,7	4,9	4,0	10,1	6,8	5,5
$\bar{t}_{Z;p} - \bar{t}_{Z;LF}$	(s)	1,9	1,6	1,2	1,1	0,7	0,5
$\frac{\bar{t}_{Z;p} - \bar{t}_{Z;LF}}{\bar{t}_{Z;LF}}$	%	28	33	30	11	10	9
ϕ'		0,22	0,25	0,23	0,10	0,09	0,08

d. Bezug zum Zirkulationsbeiwert

Entsprechend Gl. (2.7) ist eine indirekte Proportionalität zwischen mittlerer Zirkulationszeit und Rührerdrehzahl ($\bar{t}_Z^{-1} \propto n$) zu erwarten. Dies bestätigt sich für die einzelnen Messungen mit den Sensorpartikeln und den Leitfähigkeitsonden (Abbildung 5.16). Aus dem Anstieg $k_t = \left(n \cdot \bar{t}_Z\right)^{-1}$ wird der Zirkulationsbeiwert nach Umstellen von Gl. (2.8) gemäß

$$c_Z = \frac{k_t \cdot V_B}{d_2^3} \tag{5.7}$$

berechnet (Tabelle 5.5). Die Werte zeigen, dass für die Glycerin-Lösung bereits eine Veränderung des Strömungsregimes vorliegt. Der Übergang zu laminaren Strömungsstrukturen bei der Glycerin-Lösung zeigt sich in kleineren Proportionalitätsfaktoren k_t, was automatisch zu kleineren Zirkulationsbeiwerten c_Z führt. Das bessere Strömungsfolgeverhalten des Sensorpartikels in der Glycerin-Lösung zeigt sich hier in der geringen Abweichung von k_t bzw. c_Z gegenüber den Werten der Leitfähigkeitssonden.

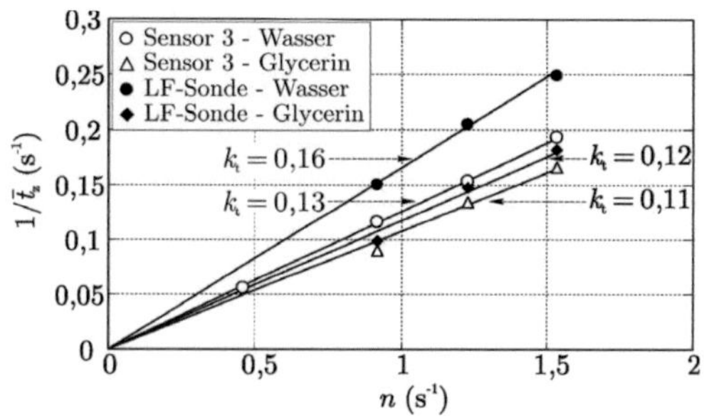

Abbildung 5.16: Reziproke Mittelwerte $1/\bar{t}_Z$ der Zirkulationszeitverteilungen von Sensorpartikel 3 über der Rührerdrehzahl n für die Messung in Wasser und Glycerin-Lösung im Vergleich zu den aus den Messwerten der Leitfähigkeitsnadelsonden bestimmten Werten (Tabelle 5.4).

Tabelle 5.5: Proportionalitätsfaktoren k_t nach Gl. (2.7) und Zirkulationsbeiwerte c_z nach Gl. (5.7), bestimmt aus den Zirkulationszeiten $\bar{t}_{Z;p}$ und $\bar{t}_{Z;LF}$ für die Messreihen von Wasser und Glycerin-Lösung (V_B = 1,39 m^3; d_2 = 0,5 m).

	Wasser		Glycerin-Lösung	
	Sensorpartikel	Leitfähigkeitsonde	Sensorpartikel	Leitfähigkeitsonde
k_t (-)	0,13	0,16	0,11	0,12
c_Z (-)	1,45	1,78	1,22	1,33

Die in [63] aufgeführte Regression liefert für eine mit den Geometrieverhältnissen im Rührbehälter vergleichbare Konfiguration eines Schrägblattrührers in Wasser einen Zirkulationsbeiwert $c_Z \approx 1{,}2$ ($Re > 10^4$; $BW > BW_{vb}$; $d_2/d_1 = 0{,}33$; $h_{2m}/d_1 = 0{,}2$; $H_0/d_1 \approx 1$; $Ne \approx 1{,}2$) [63]. Der mit den Leitfähigkeitsonden in Wasser bestimmte Wert $c_Z \approx 1{,}78$ ist etwas höher. Mögliche Ursachen für diese Abweichung sind das kleinere Verhältnis $H_0/d_1 \approx 0{,}49$ und die sechseckige Behälterform. Weiterhin ist $Ne \approx 1{,}2$ nur eine Abschätzung der NEWTON-Zahl aus Angaben über 6-blättrige Rührer in [63]. Für genauere Werte von Ne ist eine Messung der mechanischen Leistung des Rührwerks erforderlich. Für $Re < 4{\cdot}10^3$ verringern sich die Zirkulationsbeiwerte, welche gemäß

$$c_Z \approx c_{Z,vt} \cdot \left(\frac{Re}{4 \cdot 10^3} \right)^{0{,}18} \tag{5.8}$$

aus dem Zirkulationsbeiwert $c_{Z,vt}$ für den vollturbulenten Bereich abgeschätzt werden können [63]. Für die Glycerin-Lösung ist im rührernahen Bereich $Re < 2{\cdot}10^3$ und damit $c_Z < 1{,}78{\cdot}0{,}88 = 1{,}57$. Für den rührerfernen Bereich kann aufgrund von Turbulenzdämpfung $Re < 1{\cdot}10^3$ angenommen werden. Unter der Voraussetzung, dass für die Zirkulationsströmung die Verhältnisse im rührerfernen Bereich relevant sind, ergibt sich aus dem mit den Leitfähigkeitsonden in Wasser bestimmten Zirkulationsbeiwert ein Wert für die Glycerin-Lösung von $c_Z < 1{,}78{\cdot}0{,}78 = 1{,}39$. Der mit den Leitfähigkeitssonden bestimmte Zirkulationsbeiwert $c_Z = 1{,}32$ bestätigt diese Abschätzung. Mit dem Sensorpartikel wird der Zirkulationsbeiwert mit $c_Z = 1{,}22$ nur geringfügig unterschätzt. Der Sensorpartikel liefert demnach für die Glycerin-Lösung eine gute Approximation des Zirkulationsbeiwertes. Auch hier zeigt sich, dass mit den Sensorpartikeln für Fluide mit höheren Viskositäten hinreichend genaue Vorhersagen getroffen werden können.

d. Bezug zur Förderhöhe und zur PECLÉT*-Zahl*

Entsprechend Gl. (2.12) ist eine indirekte Proportionalität zwischen der Streuung der Zirkulationszeitverteilung und der Rührerdrehzahl ($\sigma_Z^{-1} \propto n$) zu erwarten, was mit den Messdaten des Sensorpartikels bestätigt wird (Abbildung 5.17). Für die Glycerin-Lösung ergeben sich erwartungsgemäß niedrigere Werte k_σ, da die äquivalente Förderhöhe des Rührers mit steigender Viskosität des Fluids abnimmt.

Die mit Gl. (2.13) ermittelten PECLÉT-Zahlen bestätigen das für den überwiegend turbulenten Rührprozess zu erwartende hohe Maß an Rückvermischung (Tabelle 5.6). Die überschätzten Zirkulationszeiten in Wasser führen jedoch zu etwas größeren Werten für Pe als in Glycerin-Lösung.

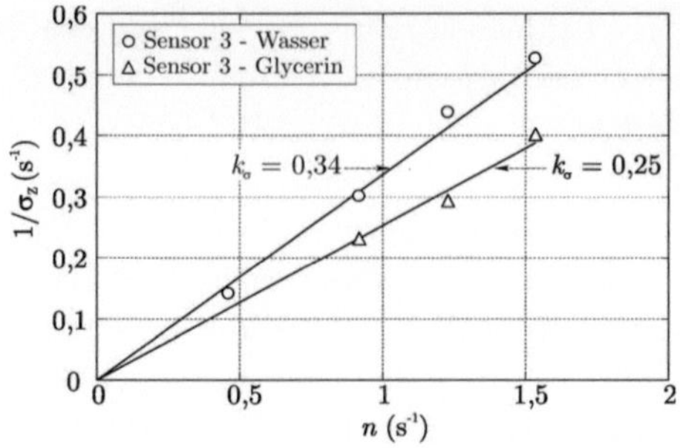

Abbildung 5.17: Reziproke Streuung $1/\sigma_Z$ der Zirkulationszeitverteilungen von Sensorpartikel 3 als Funktion der Rührerdrehzahl n für die Messung in Wasser und Glycerin-Lösung. Die Werte der Streuung repräsentieren den Mittelwert der Streuungswerte im Bereich $z/H_0 = 0{,}25...0{,}75$.

Tabelle 5.6: Normierte Streuung der Zirkulationszeitverteilung und PECLÉT-Zahl nach Gl. (2.13).

		Wasser				Glycerin-Lösung		
n	(s^{-1})	0,46	0,92	1,23	1,53	0,92	1,23	1,53
$\sigma_Z/\overline{t}_{Z;p}$	(-)	2,5	2,6	2,9	2,7	2,6	2,2	2,4
Pe	(-)	13	14	16	15	13	10	12

5.2.5 Vergleich zu Strömungssimulationen

a. Modelle und Randbedingungen

Für die Rührerdrehzahl $n = 1{,}53$ s^{-1} wurden erste numerische Strömungsberechnungen des stationären Strömungsfeldes für die Geometrie des Rührbehälters mit Hilfe des FEM-Programms ANSYS CFX 14.0 durchgeführt [103]. Dafür fand das *MFR*-Verfahren (Multiple Frames of Reference) Anwendung. Das Berechungsgitter für den beweglichen Rührerbereich ist ein feines unstrukturiertes Gitter mit ca. $3{,}2 \cdot 10^4$ Elementen. Der statische Bereich des Behälters ist mit ca. $4{,}9 \cdot 10^5$ Gitterelementen gröber aufgelöst. Zur Modellierung der Turbulenzen kam das k-ε-Turbulenzmodell zur Anwendung.

b. Strömungsprofil für den Rührbehälter

Die Simulationsergebnisse zeigen, dass im verwendeten Rührbehälter trotz der unüblichen Behältergeometrie die typischen Strömungsformen auftreten (Abbildung

5.18). Die berechneten Strömungsfelder zeigen die Zirkulationsströmung mit dem intensiven Rührerstrahl unter dem Rührer, die aufwärtsgerichtete Wandströmung und den Bereich geringer Geschwindigkeiten in der Nähe zum Flüssigkeitsspiegel. Weiterhin ist die Lage der Zirkulationspunkte erkennbar. Bei der Glycerin-Lösung sind auf Grund der schwächeren Zirkulationsströmung geringere Strömungsgeschwindigkeiten als in Wasser vorhanden. Dies trifft besonders für den Bereich in der Nähe zum Flüssigkeitsspiegel zu. Diese Unterschiede werden durch die Darstellung der axialen Strömungsgeschwindigkeiten noch deutlicher (Abbildung 5.19).

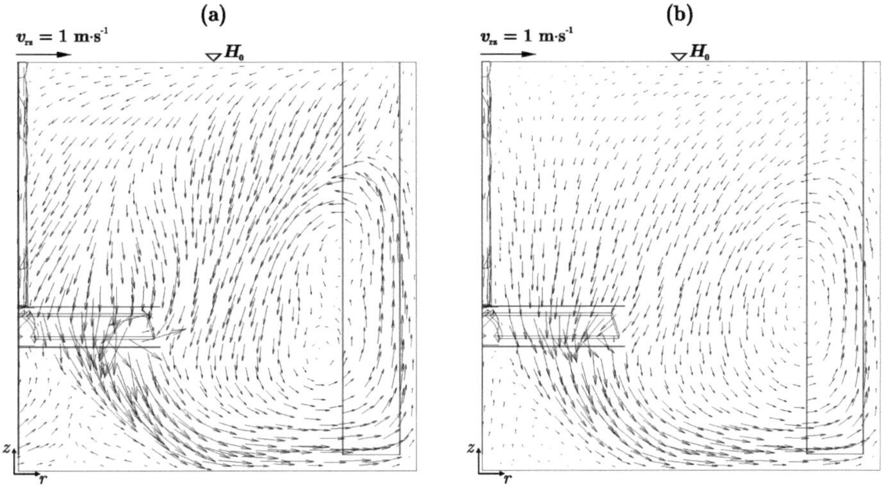

Abbildung 5.18: Meridionale Strömungsfelder in der Ebene zwischen den Stromstörern (a) in Wasser und (b) in Glycerin-Lösung für $n = 1{,}53$ s^{-1}.

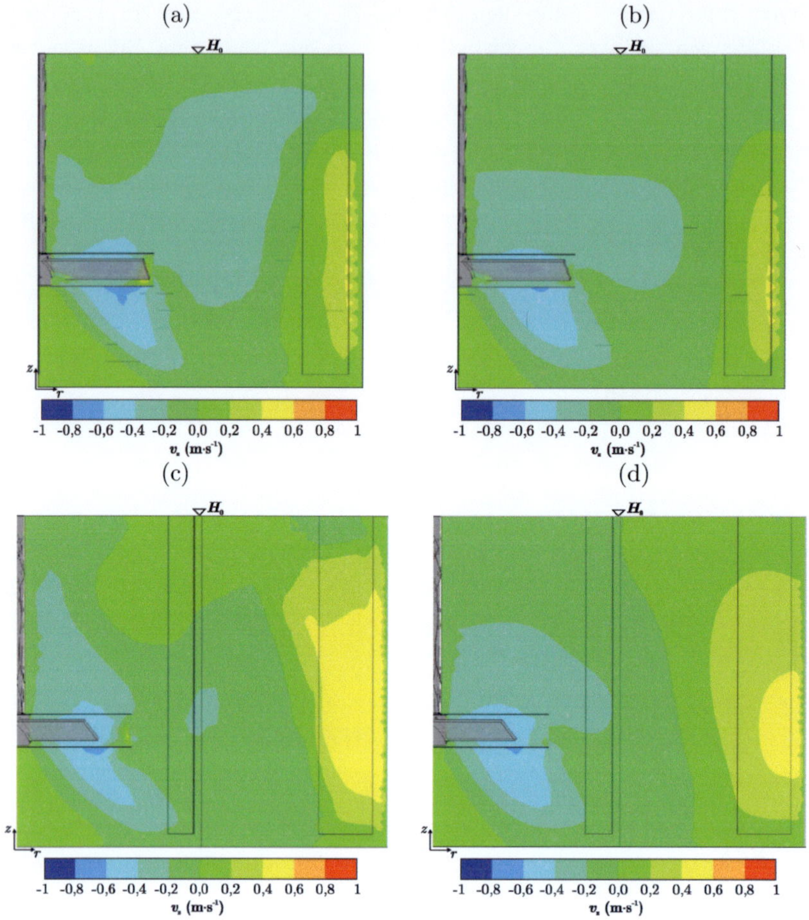

Abbildung 5.19: Axiale Strömungsgeschwindigkeit (a,b) in der Ebene zwischen den Stromstörern und (c,d) in einer Ebene nahe dem Luv der Stromstörer für (a,c) Wasser und (b,d) Glycerin-Lösung für $n = 1{,}53\ s^{-1}$.

c. *Verfolgung von Fluidelementen*

Basierend auf den berechneten Strömungsfeldern lassen sich die räumlichen Trajektorien markierter Fluidelemente verfolgen und als Strömungslinien darstellen (Abbildung 5.20). Die Strömungslinien in Wasser zeigen neben dem großen Wirbel der Zirkulationsströmung ein turbulentes Verhalten mit überlagerten dreidimensionalen Wirbeln auf. In der Glycerin-Lösung sind kaum überlagerte Strukturen erkennbar. Dies ist die Folge des bereits veränderten Strömungsregimes bzw. des Überganges in den laminaren Bereich.

Die simulierten Trajektorien der Fluidelemente wurden weiterhin zum Vergleich mit den Trajektorien der Sensorpartikel im Phasenportrait der axialen Bewegung genutzt (Abbildung 5.21). In den Simulationen wurden Trajektorien mit einer Länge von $t \approx 500$ s berechnet. Die Phasenportraits des Sensorpartikels geben charakteristische Strukturen, die auch in den Phasenportraits der Fluidelemenete vorhanden sind, wieder. Die Lage der Zirkulationspunkte bei $z/H_0 \approx 0{,}35$ ist bei der Glycerin-Lösung besonders deutlich erkennbar. Bei Wasser zeichnet sich die axiale Streckung des Zirkulationspunktes auch in der Simulation ab. Weiterhin wird die Verengung des Phasenportraits bei der Glycerin-Lösung für $z/H_0 > 0{,}6$ gegenüber Wasser abgebildet. Die maximalen Geschwindigkeiten am Rührer sind für die Fluidelemente erwartungsgemäß höher als bei dem Sensorpartikel. Generell erscheinen die simulierten Trajektorien jedoch glatter als bei dem Sensorpartikel.

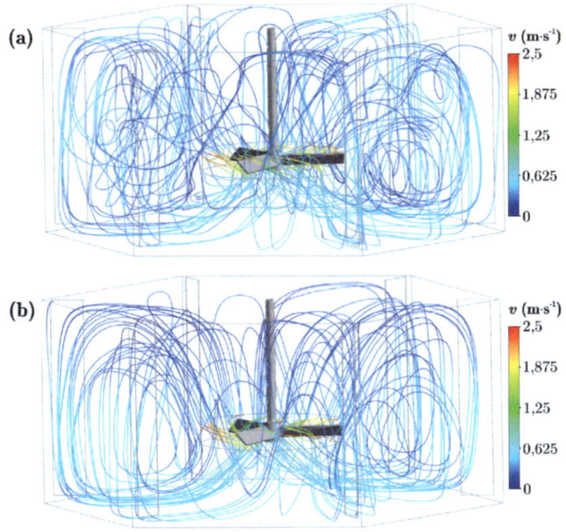

Abbildung 5.20: Strömungslinien markierter Fluidelemente (a) in Wasser und (b) in Glycerin-Lösung für $n = 1{,}53\ s^{-1}$.

Ein weiterer Vergleich kann hinsichtlich der Zirkulationszeiten im Behälter gezogen werden (Abbildung 5.22). In Wasser zeigt die Simulation bei $z/H_0 = 0{,}05...0{,}75$ größere mittlere Zirkulationszeiten als gemessen wurden. Die Werte der Streuung sind bei der Simulation in diesem axialen Bereich ebenfalls größer. Für die Glycerin-Lösung tritt diese Abweichung in einem kleineren axialen Bereich von $z/H_0 = 0{,}1...0{,}6$ auf. Oberhalb von $z/H_0 = 0{,}6$ zeigen die simulierten und die gemessenen Mittelwerte bereits eine sehr gute Übereinstimmung, was für ein gutes Strömungsfolgeverhalten spricht. Dies gilt ebenfalls für die Werte der Streuung der Zirkulationszeitverteilung.

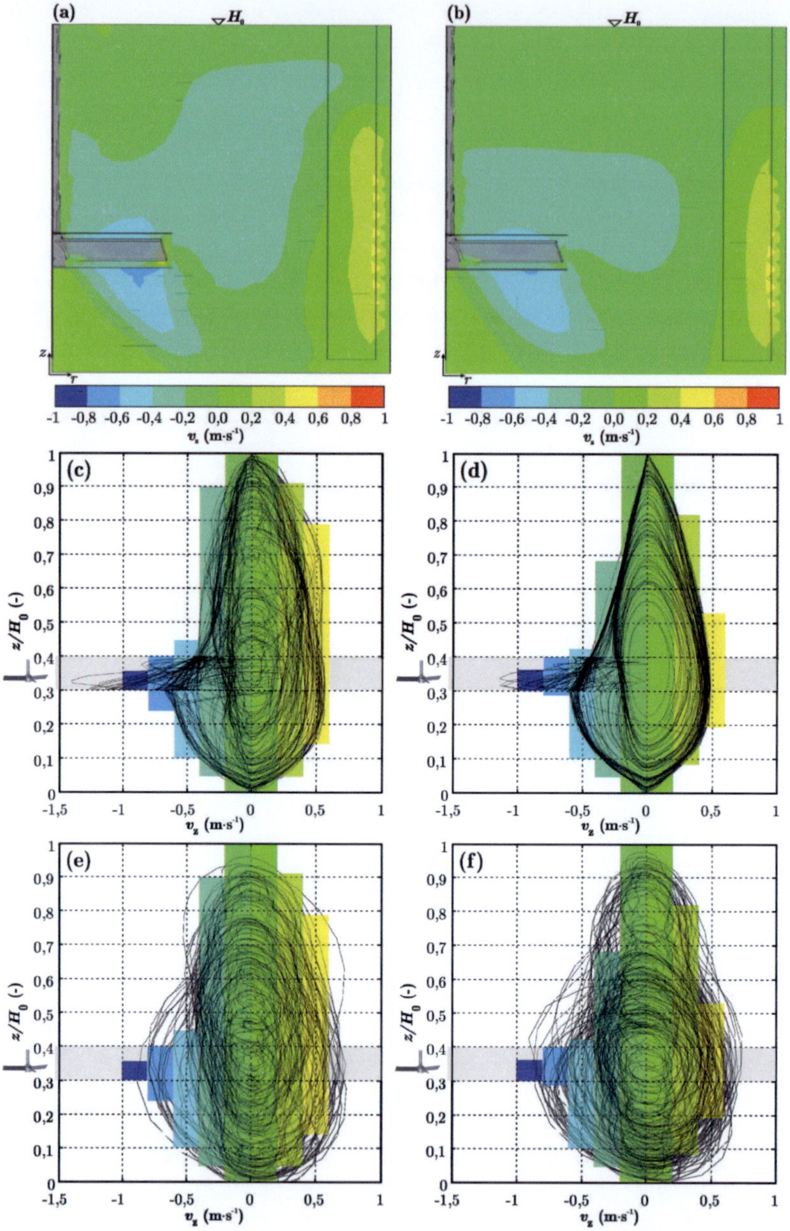

Abbildung 5.21: Vergleich der (a,b) berechneten axialen Geschwindigkeitsprofile mit den Phasenportraits von (c,d) der axialen Bewegung der Fluidelemente aus der Simulation und (e,f) Sensorpartikel 3 über einen Zeitbereich von $5 \cdot 10^2$ s für (a,c,e) Wasser und (b,d,f) Glycerin-Lösung (n = 1,53 s^{-1}).

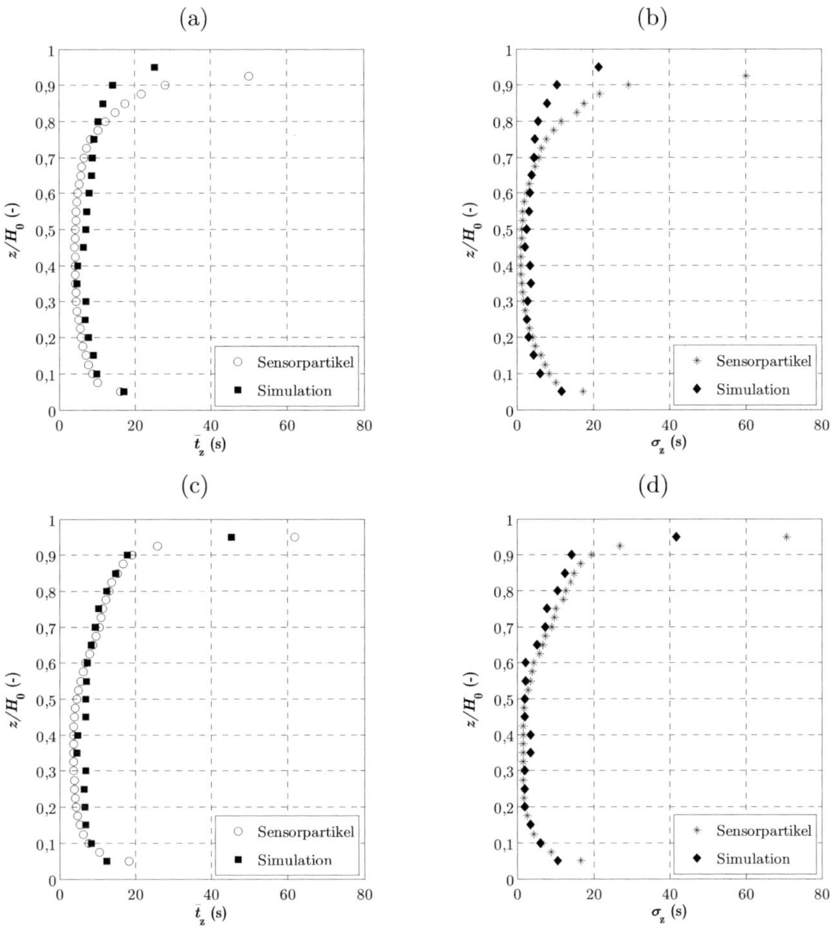

Abbildung 5.22: Vergleich der gemessenen und simulierten axialen Verteilung (a,c) der Mittelwerte $\overline{t_Z}$ und (b,d) der Streuung σ_Z der Zirkulationszeitverteilungen von Sensorpartikel 3 und der simulierten Fluidelemente in (a,b) Wasser und (c,d) Glycerin-Lösung für $n = 1{,}53\ s^{-1}$. Die Daten des Sensorpartikels repräsentieren einen Zeitraum von $2{\cdot}10^3$ s und die Fluidelemente $0{,}5{\cdot}10^3$ s.

5.3 Schlussfolgerungen

Die Untersuchungen im kleinskaligen Rührbehälter haben gezeigt, dass mit den Sensorpartikeln die typischen Strömungsformen und deren Veränderungen in Abhängigkeit von der Rührerdrehzahl n und den Fluideigenschaften sehr gut abgebildet werden. Anhand der Häufigkeitsprofile der axialen Position z, der Häufigkeitsprofile der axialen Geschwindigkeitskomponente v_Z, der Phasenportraits der axialen Bewegung $z(v_Z)$, der Verteilungen der Zirkulationszeit t_Z und der axialen Profile der mittleren Zirkulationszeit $\overline{t_Z}$ sowie der Streuung σ_Z der Zirkulationszeitverteilung ist eine Bewertung der Homogenität der Vermischung möglich. Zudem wurde gezeigt, in welcher Form ein Bezug zu relevanten Modellparametern wie dem Zirkulationsbeiwert c_Z, der PECLÉT-Zahl Pe und der Förderhöhe H_R hergestellt werden kann. Neben der Charakterisierung und Effektivitätsbewertung des Rührers bzw. des Mischprozesses können diese Parameter für die Maßstabsübertragung auf größere Behälter verwendet werden.

Der Vergleich der Messergebnisse für Wasser und für die höherviskose Glycerin-Lösung hat gezeigt, wie die Kopplung zwischen dem Fluid und dem Sensorpartikel und damit das Strömungsfolgeverhalten des Sensorpartikels verändert werden. In den Versuchen konnten die Schlussfolgerungen aus den mit Gl. (2.41) abgeschätzten STOKES-Zahlen weitestgehend bestätigt werden. Es hat sich gezeigt, dass bei dem Einsatz in höherviskosen Fluiden das Strömungsfolgeverhalten immer besser wird. Daher ist bei dem Einsatz der Sensorpartikel in Biogasfermentern mit deutlich höheren Viskositäten ein hinreichendes Strömungsfolgeverhalten zu erwarten.

Der Einfluss der Dichtetoleranz der Sensorpartikel auf die extrahierten Parameter und Profile wurde untersucht. Der Einfluss der montagebedingten Dichteunterschiede von ±0,1% ist dabei für reale Strömungsbedingungen vernachlässigbar. Die variable Dichte der Sensorpartikel kann für systematische Untersuchungen in Mischprozessen mit Dichteunterschieden zwischen den beteiligten Fluiden, in Mehrphasenprozessen und in Feststoffsuspensionen genutzt werden.

Der Vergleich zu numerischen Strömungsberechnungen bestätigt die getroffenen Schlussfolgerungen. Die Zirkulationszeiten des Sensorpartikels und simulierter Fluidelemente sind vergleichbar und zeigen für die Glycerin-Lösung bereits eine gute Übereinstimmung. Die Abweichungen zur Simulation zeigen die Grenzen des Strömungsfolgeverhaltens bzgl. turbulenter Wirbelstrukturen in niedrigviskosen Fluiden auf.

6 Einsatz von Sensorpartikeln in Fermentern

In diesem Kapitel werden die Ergebnisse einer Studie vorgestellt, in der Sensorpartikel in zwei Technikumsfermentern zum Einsatz kamen. Dabei wurde der Einfluss der Behälterform, der Rührwerksposition und der Rührwerkskonfiguration auf die Suspensionsgüte in einer Stroh-Wasser-Suspension untersucht.

6.1 Experimenteller Aufbau und Versuchsdurchführung

Hintergrund der Versuche ist die Untersuchung des Einflusses spezieller Behälterkonfigurationen und Rührwerksanordnungen auf das Vermischungsverhalten im Fermenter. Damit sollen bestehende Biogasfermenter optimiert und neue Fermentertypen entwickelt werden. Das übergeordnete Ziel der Versuche war es, die veränderten Bedingungen durch verschiedene Verhältnisse H_0/d_1 der Behälter (hoch oder flach), durch unterschiedliche axiale Positionen des Rührwerks und durch verschiedene Rührwerkskonfigurationen (ein- oder zweiflügig; eine oder zwei Ebenen) mit den Sensorpartikeln zu erfassen und damit das Vermischungs- und Suspensionsverhalten der feststoffhaltigen Substrate (Stroh-Wasser-Suspension) zu bewerten. Weiterhin hatten die Versuche das Ziel, die Funktionalität, die Robustheit und das Strömungsfolgeverhalten der Sensorpartikel unter realen Strömungsbedingungen eines Fermenters zu validieren.

6.1.1 Aufbau der Technikumsfermenter

Es wurde ein hoher Fermenter und ein flacher Fermenter verwendet (Abbildung 6.1). Diese werden vom Fraunhofer-Institut IKTS am „Applikationszentrum Bioenergie Pöhl“ betrieben. Der flache Fermenter bildet mit Verhältnis $H_0/d_1 = 0{,}58$ die für bestehende Biogasfermenter typische Form nach, die für eine gute Durchmischung nachteilig ist (Tabelle 6.1). Der hohe Fermenter orientiert sich mit dem Verhältnis $H_0/d_1 = 1{,}04$ an der idealen Form eines Rührbehälters, wodurch günstigere Voraussetzungen für die Vermischung vorhanden sind (Tabelle 6.1). Beide Fermenter sind mit einem zentralen, regelbaren Rührwerk und einer Doppelmantelheizung mit Temperaturregelung ausgestattet. Außer für die elektrische Leistung, die Drehzahl und die lokale Temperatur kurz unterhalb der unteren Rührwerksebene war keine Referenzmesstechnik vorhanden. Bereits in dieser verhältnismäßig kleinen Fermentergröße ist die Instrumentierung mit räumlich auflösender Messtechnik durch die Dimensionen und die rauen mechanischen Bedingungen erheblich erschwert.

(a) (b1) (b2)

Abbildung 6.1: (a) Hoher und (b) flacher Fermenter, (b1) geschlossen und (b2) geöffnet mit Rührer und Temperaturfühler.

6.1.2 Versuchsdurchführung

Zur Nachbildung typischer Biogassubstrate wurde eine Suspension aus extrudiertem Stroh und Wasser verwendet (Tabelle 6.1). Das Fließverhalten dieses Fluids ist nicht-NEWTONsch, sodass eine von der Scherrate $\dot{\gamma}$ abhängige Viskosität vorlag. Entsprechend den ermittelten Fluideigenschaften ergeben sich REYNOLDS-Zahlen im laminaren Bereich [104], die in dieser Form auch in großen Biogasfermentern zu erwarten sind. Im hohen Fermenter wurden zwei zweistufige Rührwerke mit 2-blättrigen Trapezrührern bei der Umfangsgeschwindigkeit $v_u = 4{,}1\ \mathrm{m{\cdot}s^{-1}}$ eingesetzt (Tabelle 6.1). Variiert wurde hier der Durchmesser d_2 der Rührer zwischen 0,2 m in Versuch A1 und 0,3 m in Versuch A2, um dessen Einfluss auf das Suspensionsverhalten untersuchen zu können. Im flachen Fermenter kam ein 3-blättriger Schrägblattrührer mit einer nur geringfügig höheren Umfangsgeschwindigkeit $v_u = 5{,}1\ \mathrm{m{\cdot}s^{-1}}$ als in den Versuchen A1 und A2 zum Einsatz (Tabelle 6.1). Die axiale Position h_{2m} des Rührers war in Versuch B1 0,24 m und in Versuch B2 0,32 m. Somit konnte der Einfluss der axialen Rührerposition auf das Suspensionsverhalten im Fermenter untersucht werden.

Als Sensorpartikel wurde die robuste Grundvariante des Gehäuses vom Typ a verwendet. Die Sensorpartikel wurden mit einer Abtastrate von $f_{mess} = 10\ s^{-1}$ ($t_{mess} = 0{,}1$ s) betrieben und bei jeder Drehzahl für ca. 50 min in der Strömung belassen. Abzüglich der Zeit bis zum Erreichen des stationären Strömungszustandes betrug die Versuchsdauer jeweils ca. 42 min. Dabei konnten ca. $2{,}5{\cdot}10^4$ Messwerte für die Datenanalyse gewonnen werden.

Tabelle 6.1: Versuchsbedingungen in den Fermentern von Abbildung 6.1.

	Parameter	Einheit	Hoher Fermenter		Flacher Fermenter	
			Versuch A1	Versuch A2	Versuch B1	Versuch B2
Fluid	*TS*-Gehalt	%	ca. 7		ca. 6	
	μ_{eff} ($\dot{\gamma} = 5\ s^{-1}$)	Pa·s	ca. 1,5		ca. 1,4	
	μ_{eff} ($\dot{\gamma} = 50\ s^{-1}$)	Pa·s	ca. 0,3		ca. 0,25	
	ρ_f	kg·m^{-3}	1013		990...1010	
	Re	-	<200	<300	<400	
	T_B	°C	31,8	29,9	19,5	
Behälter	H_0	m	1,04		0,75	
	d_1	m	1		1,3	
	V_B	l	817		995	
	Bodenform	-	flach		flach	
Rührwerk	Rührerblatt	-	2-flüglig Trapez		3-flüglig Schrägblatt	
	Ebenen	-	2		1	
	d_2	m	0,2	0,3	0,32	
	$h_{2m,1}$	m	0,2		0,24	0,32
	$h_{2m,2}$	m	0,7		-	
	n	s^{-1}	6,6	4,4	5,0	
	v_u	m·s^{-1}	4,1		5,1	
	P_{el}	W	370	360	450	

6.1.3 Dichte und STOKES-Zahl der Sensorpartikel

Die Dichte der einzelnen Sensorpartikel wurde in den Versuchen A1 und A2 so gewählt, dass eine Abweichung über bzw. unter der mittleren Dichte des Fluids auftrat. Dies erschien hinsichtlich der von der Suspensionsgüte abhängigen lokalen Fluiddichte als sinnvoll. Im Vorfeld der Versuche B1 und B2 war die tatsächliche Fluiddichte ρ_f nicht bekannt, sodass nur ein Bereich von etwa 990...1010 kg·m^3 abgeschätzt werden konnte. Aus diesem Grund wurde die Variation der Partikeldichte auf das Referenzsystem Wasser eingestellt.

Die Abschätzung der STOKES-Zahl für den Rührerbereich (Meso-Skale) und die Zirkulationsströmung (Makro-Skale) erfolgte mit den Gln. (2.39) bis (2.41) (Tabelle 6.3). Bedingt durch die deutlich höheren Viskositäten sind die STOKES-Zahlen und damit auch der zu erwartende Schlupf niedriger als in den Versuchen im Rührbehälter. Im Rührerbereich ist mit $St_v > 7$ und $\phi > 0{,}88$ dennoch kein hinreichendes Strömungsfolgeverhalten vorhanden. Bezogen auf die Zirkulationsströmung ist jedoch mit $St_v < 0{,}05$ und $\phi < 0{,}05$ ein sehr gutes Strömungsfolgeverhalten zu erwarten.

Tabelle 6.2: Dichte der Sensorpartikel und Abweichung zur mittleren Fluiddichte.

Sensorpartikel	Versuche A1 und A2			Versuche B1 und B2		
	ρ_p (kg·m^{-3})	ρ_p/ρ_f	$(\rho_p - \rho_f)/\rho_f$ %	ρ_p (kg·m^{-3})	ρ_p/ρ_f	$(\rho_p - \rho_f)/\rho_f$ %
1	1018 ± 1	1,005	0,5	1007 ± 1	1,007	0,7
2	1011 ± 1	0,998	-0,2	1002 ± 1	0,992	-0,2
3	1000 ± 1	0,987	-1,3	997 ± 1	0,997	-0,3

Tabelle 6.3: Abschätzung der STOKES-Zahl der Sensorpartikel nach den Gln. (2.39) bis (2.41) und des Schlupfs nach Gl. (2.42) für den Rührerbereich (Meso-Skale) und die Zirkulationsströmung (Makro-Skale). Zur Abschätzung von Re_p und c_w in Gl. (2.39) wurden die Sinkgeschwindigkeiten nach Gl. (2.37) berechnet. Das Zeitmaß τ_f wurde für den Rührerbereich nach Gl. (2.40) berechnet. Zur Abschätzung der mittleren Zirkulationszeiten in der Zirkulationsströmung wurden Erfahrungswerte genutzt.

Versuch	Bereich	μ_f (Pa·s)	τ_p (s)	L (m)	v_∞ (m·s^{-1})	τ_f (s)	St_v	ϕ
A1	Rührerbereich	0,3	0,48	0,2	4,1	0,05	10	0,91
	Zirkulationsströmung	1,5	0,12	-	-	>4	<0,03	<0,03
A2	Rührerbereich	0,3	0,48	0,3	4,1	0,07	7	0,88
	Zirkulationsströmung	1,5	0,12	-	-	>4	<0,03	<0,03
B1	Rührerbereich	0,25	0,55	0,32	5,1	0,06	9	0,90
	Zirkulationsströmung	1,4	0,13	-	-	>4	<0,04	<0,04
B2	Rührerbereich	0,25	0,55	0,32	5,1	0,06	9	0,90
	Zirkulationsströmung	1,4	0,13	-	-	>3	<0,05	<0,05

6.2 Ergebnisse

6.2.1 Axiale Position: Feststoffverteilung und Strömungsdynamik

Entsprechend den Vorbetrachtungen zur STOKES-Zahl in Abschnitt 6.1.3 können die Sensorpartikel auf der Skale der Zirkulationsströmung als Fluidelement der Suspension betrachtet werden. Unter dieser Voraussetzung kann die relative Häufigkeitsdichte $f_R(z/H_0)$ der Eintauchtiefe eines Sensorpartikels in einer bestimmten Höhenschicht als repräsentative Größe für den Feststoffgehalt $\varphi_p(z/H_0)$ in dieser Zone genutzt werden. Damit liefert das axiale Aufenthaltsprofil Informationen über die axiale Feststoffverteilung (Abbildung 6.2).

Die Versuche mit den zweistufigen Rührwerken im hohen Fermenter zeigen deutliche Unterschiede. Beim kleineren Rührerdurchmesser (Versuch A1) gelangten die Sensorpartikel kaum in den unteren Bereich des Behälters. Die Sensorpartikel bewegten sich überwiegend im Bereich des oberen Rührwerks. Es ist anzunehmen, dass die Suspendierleistung des kleineren Rührwerks nicht ausreichend war, und die Zweiphasenzone nicht über die obere Rührwerksebene bei $z/H_0 = 0{,}7$ gelangen konnte. Die Sensorpartikel weisen gegenüber der angereicherten Zweiphasezone eine zu geringe Dichte auf und konnten nur selten in diese eintreten. Daher hielten sie sich besonders in der einphasigen Flüssigzone im oberen Bereich des Behälters auf. Basierend auf dieser Interpretation des axialen Aufenthaltsprofils ist davon auszugehen, dass die Suspension in Versuch A1 nur ca. 70% der Füllhöhe erreicht hat.

Das Aufenthaltsprofil im hohen Fermenter beim großen Rührerdurchmesser (Versuch A2) ist deutlich flacher. Die Sensorpartikel wurden in diesem Versuch sehr gleichmäßig im Behältervolumen bewegt. Daher ist für das große Rührwerk eine deutlich homogenere Feststoffverteilung vorhanden. Kurz über den Rührwerksebenen sind lokale Maxima zu erkennen. Diese Beobachtung deckt sich mit den Angaben zur Verteilung der Feststoffkonzentration [64], [71]. In die Bereiche für $z/H_0 < 0{,}1$ und $z/H_0 > 0{,}9$ sind die Sensorpartikel jedoch nur selten gelangt. Eine mögliche Ursache ist der relativ große Durchmesser und die damit vorhandene große Trägheit der Sensorpartikel, welche das Eintreten in den Bereich am Boden und am Flüssigkeitsspiegel behindert.

Die Häufigkeitsverteilungen der axialen Geschwindigkeit liefern räumlich integrale Informationen über die Strömungsdynamik im Fermenter. Anhand der flacheren Häufigkeitsverteilung von Versuch A2 ist eine höhere Strömungsdynamik als in Versuch A1 ersichtlich. Dies deutet auf einen verbesserten Substrattransport hin und unterstützt die Schlussfolgerungen aus dem axialen Aufenthaltsprofil von Abbildung 6.2 a.

Die Versuche mit dem einstufigen Rührwerk im flachen Behälter zeigen im Vergleich zu Versuch A2 eine inhomogenere Feststoffverteilung im Behälter (Abbildung 6.2). Im Versuch B2 besteht gegenüber dem Versuch B1 eine verbesserte axiale Feststoffverteilung. Da die Umlenkverluste in der Strömung bei höherem Rührereinbau geringer sind, kann sich eine stärkere und größere Zirkulationsströmung ausbilden [63]. Dennoch ist im Bereich des Flüssigkeitsspiegels eine Totzone bzw. eine unvollständig vermischte Zone zu vermuten, da die Sensorpartikel auch nach Anheben des Rührwerkes nur sehr selten in diese separate Zone gelangen konnten.

In den Häufigkeitsverteilungen der axialen Geschwindigkeit ist für die obere Rührwerksposition eine Verschiebung zu positiven Geschwindigkeitsamplituden zu verzeichnen. Dies indiziert eine erhöhte aufwärtsgerichtete Strömungsdynamik und damit einen verbesserten axialen Feststofftransport als in Versuch B1.

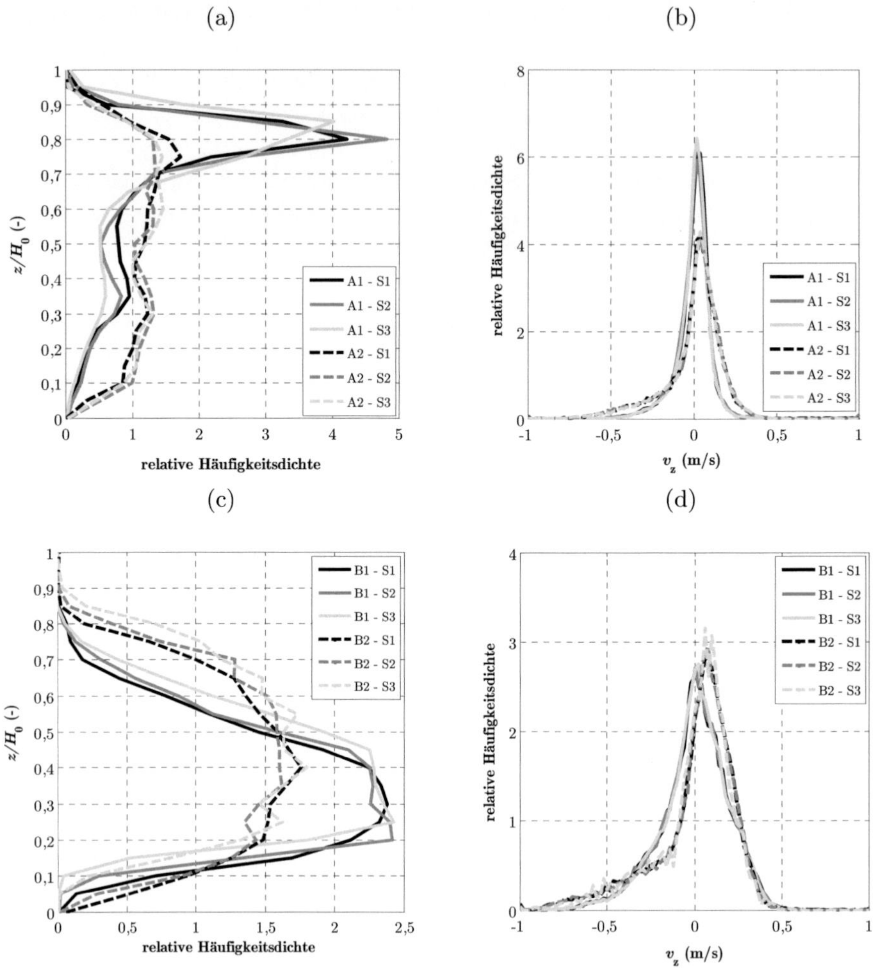

Abbildung 6.2: Einfluss (a,b) der hohen Behältergeometrie sowie des Rührerdurchmessers d_2 von 0,2 m in Versuch A1 bzw. 0,3 m in Versuch A2 und (c,d) der flachen Behältergeometrie sowie der axialen Rührerposition h_{2m} von 0,24 m in Versuch A1 bzw. 0,32 m in Versuch A2 (Tabelle 6.1): (a,c) Axiale Aufenthaltsprofile (20 Klassen, Klassenbreite $\Delta z/H_0 = 0{,}05$) und (b,d) Häufigkeitsverteilungen der axialen Geschwindigkeitskomponente (100 Klassen, Klassenbreite $\Delta \dot{z} = 0{,}02\ \mathrm{m{\cdot}s^{-1}}$) aus jeweils $2{,}5{\cdot}10^4$ Messwerten von den Sensorpartikeln 1 bis 3 (S1, S2 und S3).

6.2.2 Bestimmung des Suspendierzustandes

Unter der Voraussetzung, dass die Werte der relativen Häufigkeitsdichte f_{R}^{i} im axialen Aufenthaltsprofil der Sensorpartikel die axiale Feststoffverteilung $\varphi_p(z/H_0)$ in den verschiedenen Höhenschichten i mit $i = 1\ldots\mathrm{k}$ repräsentiert, kann eine Abschätzung der Varianz der axialen Verteilung der Feststoffkonzentration aus Gl. (2.18) gemäß

$$\hat{s}_{\varphi p}^{2} = \frac{1}{\mathrm{k}-1}\sum_{i=1}^{\mathrm{k}}\left(f_{\mathrm{R}}^{i}-1\right)^{2} \tag{6.1}$$

erfolgen.

Die mit Gl. (6.1) ermittelten Werte der Varianz der Feststoffkonzentration $\hat{s}_{\varphi p}^{2}$ bestätigen die Interpretation der axialen Aufenthaltsprofile (Tabelle 6.4). Die Werte der Varianz $\hat{s}_{\varphi p}^{2}$ für $d_2 = 0{,}2$ m im hohen Behälter (Versuch A1) indizieren eine unzureichende Verteilungsgüte der Feststoffpartikel im Behältervolumen. Eine weitere Interpretation dieser Werte ist jedoch auf Grund der Separation der Sensorpartikel von der angereicherten Zweiphasenzone nicht sinnvoll. Das flache Aufenthaltsprofil der Sensorpartikel für $d_2 = 0{,}3$ m im hohen Behälter (Versuch A2) spiegelt sich in sehr geringen Werten der Varianz $\hat{s}_{\varphi p}^{2}$ wieder. Eine homogene Suspension mit $\hat{s}_{\varphi p}^{2} = 0{,}5$ ließe sich gegebenenfalls sogar durch eine Verringerung der Rührerdrehzahl erreichen.

Im flachen Behälter wird bei der niedrigen Rührwerksposition $h_{2\mathrm{m}} = 0{,}24$ m in Versuch B1 fast die Bedingung für eine vollständige Suspension erreicht. Mit einer Erhöhung der Drehzahl könnte eine weitere Verbesserung der Suspensionsgüte erreicht werden. Das Anheben des Rührers auf $h_{2\mathrm{m}} = 0{,}32$ m hat jedoch offensichtlich einen deutlich stärkeren Effekt. Die Werte der Varianz $\hat{s}_{\mathrm{\varphi p}}^{2}$ deuten trotz der wenig vermischten Zone nahe der Oberfläche auf eine insgesamt homogene Suspension hin.

Tabelle 6.4: Schätzwerte der Varianz $\hat{s}_{\varphi p}^{2}$ der axialen Verteilung der Feststoffkonzentration nach Gl. (6.1) für die Versuche A und B.

Sensorpartikel	1	2	3
A1	1,26	1,39	1,46
A2	0,25	0,23	0,26
B1	1,00	1,06	1,08
B2	0,48	0,47	0,54

6.2.3 Phasenportraits der axialen Bewegung

Die Phasenportraits bei den beiden Rührerdurchmessern im hohen Fermenter (Versuche A1 und A2) unterscheiden sich stark (Abbildung 6.3). Die Profile beim Rührerdurchmesser $d_2 = 0{,}2$ m (Versuch A1) zeigen die axiale Asymmetrie der Bewegung der Sensorpartikel. Es zeichnet sich ein Wirbelzentrum oberhalb der oberen Rührwerksebene bei $z/H_0 > 0{,}8$ ab. Die unteren Bereiche weisen deutlich geringere Strömungsgeschwindigkeiten auf. Dies deutet auf einen unzureichenden Impulseintrag in die vorliegende Zweiphasenzone mit erhöhter Dichte und Viskosität an der unteren Rührwerksebene hin.

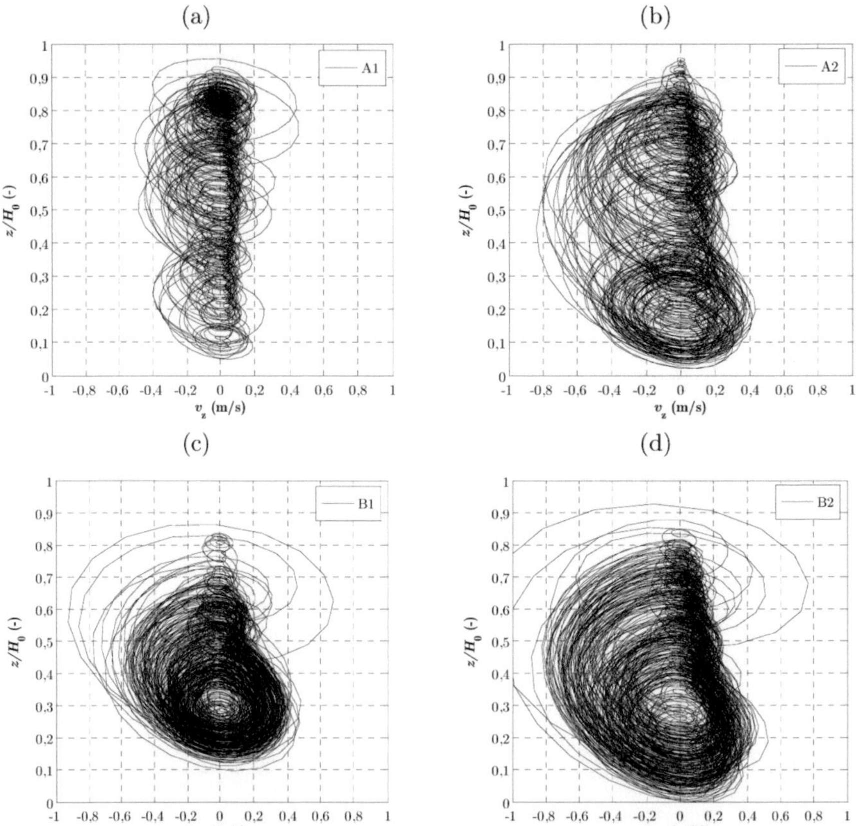

Abbildung 6.3: Vergleich der Phasenportraits der axialen Bewegung von Sensorpartikel 1 aus $1 \cdot 10^4$ Messwerten für die Versuche (a,b) im hohen Fermenter mit den Rührerdurchmessern (a) $d_2 = 0{,}2$ m (Versuch A1) bzw. (b) $d_2 = 0{,}3$ m (Versuch A2) und bei den Versuchen (c,d) im flachen Fermenter mit den axialen Rührerpositionen (c) $h_{2m} = 0{,}24$ m (Versuch B1) bzw. (d) $h_{2m} = 0{,}32$ m (Versuch B2).

Beim Rührerdurchmesser $d_2 = 0{,}3$ m (Versuch A2) ist bei den Phasenportraits in axialer Richtung eine deutlich bessere Symmetrie erkennbar. Es sind zwei Wirbelzentren in Höhe der Rührwerksebenen bei $z/H_0 = 0{,}19$ und $z/H_0 = 0{,}67$ erkennbar. Zudem ist eine Verstärkung der Zirkulationsströmung über die gesamte Füllhöhe vorhanden. Insbesondere die erhöhte Strömungsgeschwindigkeit von $v_z = 0{,}4$ m·s^{-1} bei $z/H_0 = 0{,}2$ indiziert eine intensivere, aufwärtsgerichtete Zirkulationsströmung, welche das Suspendieren der Feststoffpartikel verbessert. Bei dem flachen Fermenter ist bei der unteren Rührwerksposition $h_{2m} = 0{,}24$ m (Versuch B1) anhand des Phasenportraits eine axiale Inhomogenität erkennbar (Abbildung 6.3). Die Zirkulationsströmung hat sich im Bereich $0{,}1 < z/H_0 < 0{,}7$ weitestgehend ausgebildet. Im abwärtsgerichteten Ansaugbereich des Rührers werden nur vereinzelt geringe Geschwindigkeiten $v_Z < 0{,}6$ m·s^{-1} erreicht. Bei der oberen Rührwerksposition $h_{2m} = 0{,}32$ m (Versuch B2) ist der axiale Bereich der Zirkulationsströmung mit $0 < z/H_0 < 0{,}8$ größer. Zudem werden größere Geschwindigkeitsamplituden erreicht. Bei beiden Phasenportraits ist der Zirkulationspunkt bei $z/H_0 \approx 0{,}3$ nahe der Rührwerksebene erkennbar.

6.2.4 Zirkulationszeiten

a. Zirkulationszeitverteilung bei den Rührwerksebenen

Die Zirkulationszeitverteilungen im hohen Fermenter bei den beiden festen Rührwerksebenen des zweistufigen Rührwerkes mit dem großen Durchmesser $d_2 = 0{,}3$ m (Versuch A2) sind deutlich breiter als im flachen Fermenter bei den eingestellten Rührwerksebenen des einstufigen Rührwerkes (Versuchen B1 und B2) (Abbildung 6.4). Das Anheben des Rührers von $h_{2m} = 0{,}24$ m auf $h_{2m} = 0{,}32$ m im flachen Fermenter (Versuch B2) führt zu einer Vergrößerung der Zirkulationszeiten und deren Streuung. Es zeigt sich jedoch, dass die Feststoffpartikel im hohen Fermenter mit dem großen Rührer (Versuch A2) länger aufgewirbelt werden und damit länger für die biochemischen Umwandlungsprozesse im Prozessraum zur Verfügung stehen. Unter Berücksichtigung der geringeren aufgenommenen elektrischen Leistung des zweistufigen Rührwerkes im hohen Fermenter zeugt dies von einer deutlich besseren Rührereffizienz als im flachen Fermenter mit einstufigem Rührwerk.

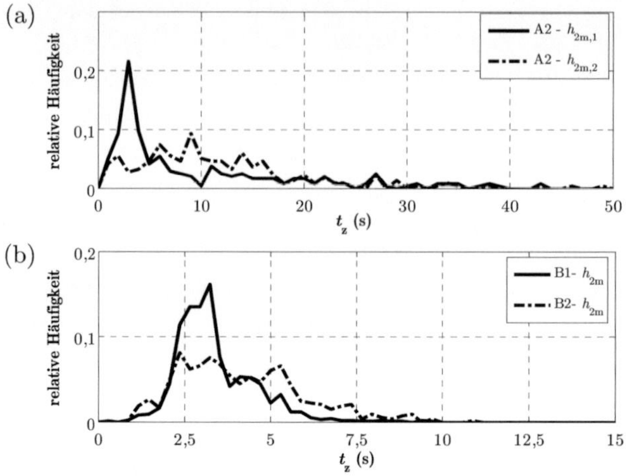

Abbildung 6.4: Vergleich der Zirkulationszeitverteilungen von Sensorpartikel 1 bei den Rührwerksebenen: (a) im hohen Fermenter bei den beiden Rührwerksebenen $h_{2m,1} = 0{,}2$ m sowie $h_{2m,2} = 0{,}7$ m des zweistufigen Rührwerkes für den großen Rührerdurchmesser $d_2 = 0{,}3$ m und (b) im flachen Fermenter bei den beiden Rührwerksebenen $h_{2m} = 0{,}24$ m bzw. $h_{2m} = 0{,}32$ m des einstufigen Rührwerkes.

b. Axiale Verteilung von Mittelwert und Streuung der Zirkulationszeitverteilung

Die axiale Verteilung des Mittelwertes $\overline{t_Z}$ und der Streuung σ_Z der Zirkulationszeitverteilung zeigt den Grad der axialen Homogenität des Mischprozesses unter dem Einfluss des Rührerdurchmessers d_2 im hohen Fermenter (Versuche A1 und A2) und der axialen Rührerposition h_{2m} im flachen Fermenter (Abbildung 6.5). Im hohen Fermenter bei dem kleinen Rührerdruchmesser (Versuch A1) steigen die Mittelwerte und die Streuung für $z/H_0 < 0{,}8$ stark an. Dies bestätigt die zuvor getroffenen Schlussfolgerungen (Abschnitt 6.2.1), dass im (Versuch A1) die Sensorpartikel kaum in den unteren Bereich des Behälters gelangten und sich die Zweiphasenzone nicht oberhalb der oberen Rührwerksebene bei $z/H_0 = 0{,}67$ ausbilden konnte. Damit wird die Inhomogenität des Mischprozesses in Versuch A1 verdeutlicht. Hingegen verlaufen die Profile von $\overline{t_Z}$ und σ_Z beim großen Rührerdurchmesser im hohen Fermenter (Versuch A2) flacher, was auf eine höhere Homogenität als beim kleineren Rührerdurchmesser hindeutet. Beim großen Rührerdurchmesser ist erst bei $z/H_0 < 0{,}1$ und $z/H_0 > 0{,}8$ ein deutlicher Anstieg von $\overline{t_Z}$ und σ_Z vorhanden. In den Bereichen der Rührwerksebenen bei $z/H_0 \approx 0{,}2$ und $z/H_0 \approx 0{,}6$ sind die lokalen Minima von $\overline{t_Z}$ erkennbar.

Die Profile von $\overline{t_Z}$ und σ_Z für den flachen Fermenter zeigen mit zunehmender Entfernung von der Rührwerksebene erwartungsgemäß eine Zunahme von $\overline{t_Z}$ und σ_Z.

Die Unterschiede zwischen der unteren Rührerposition (Versuch B1) und der oberen Rührerposition (Versuch B2) des einstufigen Rührwerkes werden besonders im Bereich $z/H_0 > 0{,}4$ deutlich. Für die untere Rührerposition ($z/H_0 = 0{,}32$) zeigen sich im Bereich von $z/H_0 > 0{,}4$ merklich größere Zirkulationszeiten als für die obere Rührerposition ($z/H_0 = 0{,}43$). Demnach wird für die obere Rührerposition in Versuch B2 eine höhere Homogenität als für die untere Rührerposition in Versuch B1 erreicht.

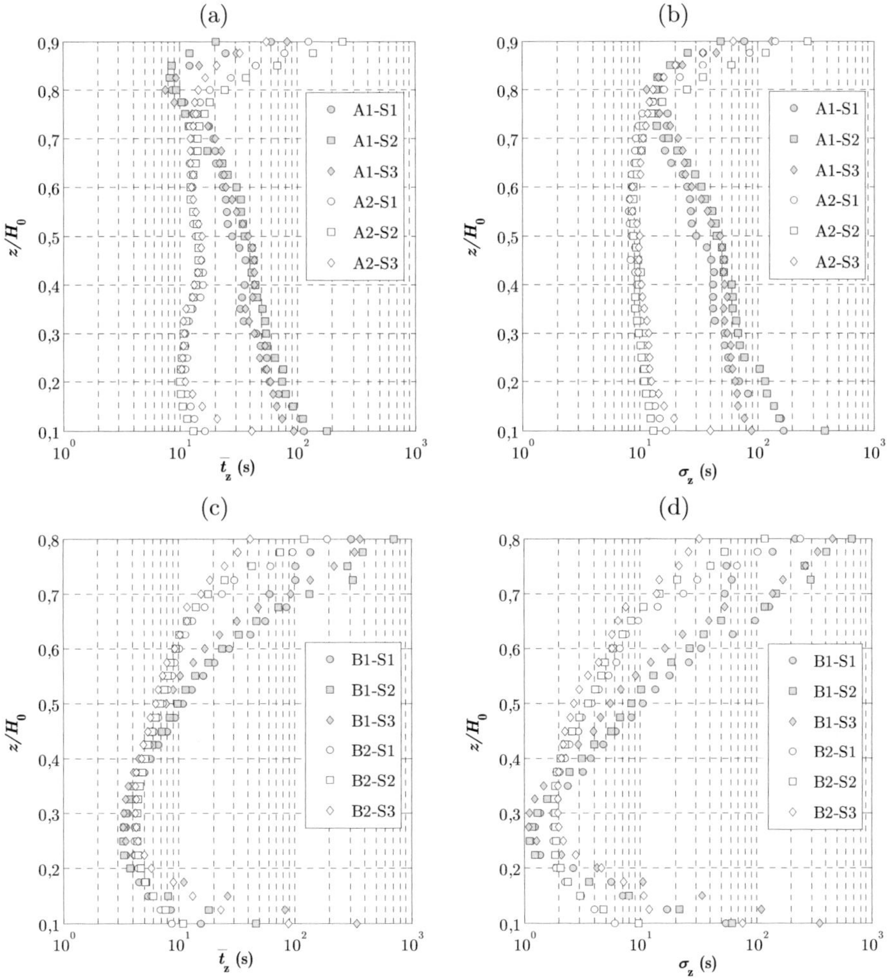

Abbildung 6.5: Axiale Verteilung (a,c) der Mittelwerte $\overline{t}_Z$ der Zirkulationszeitverteilungen und (b,d) der Streuung σ_Z der Zirkulationszeitverteilungen von Sensorpartikel 1 bis 3 (S1, S2 und S3) für (a,b) den hohen Fermenter mit den Rührerdurchmessern $d_2 = 0{,}2$ m (Versuch A1) bzw. $d_2 = 0{,}2$ m (Versuch A2) und für (c,d) im flachen Fermenter mit den axialen Rührerpositionen $h_{2m} = 0{,}24$ m (Versuch B1) bzw. $h_{2m} = 0{,}32$ m (Versuch B2).

6.2.5 Temperatur

a. Mittelwerte der Substrattemperatur

Die Mittelwerte $\overline{T}_U$ der von den Sensorpartikeln erfassten Temperaturmesswerte haben eine gute Übereinstimmung mit den Temperaturmesswerten T_B des Messfühlers im Behälter (Tabelle 6.5). Die mittlere Abweichung von etwa -0,25 °C deutet darauf hin, dass im quasi-stationären Prozesszustand nur sehr geringe Temperaturgradienten im Prozessraum vorhanden sind. Offensichtlich war durch die Vermischung ein hinreichender Wärmetransport von den beheizten Behälterwänden zum Fluid im Prozessraum vorhanden. Aufgrund der großen Zeitkonstante $\tau_{0.99} < 1700$ s der Temperaturmessfühler vom Typ a (Abbildung 3.11 und Tabelle 3.3) können diese geringen Temperaturgradienten mit den verwendeten Sensorpartikeln nicht räumlich aufgelöst werden. Aus diesen Gründen sind für diese Versuche keine räumlichen Profile der Temperatur darstellbar.

Tabelle 6.5: Mittelwerte $\overline{T}_U$ aus den Temperaturen an den drei Sensorpartikeln im quasi-stationären Prozesszustand, T_B Temperaturmesswert des Messfühlers im Behälter.

Versuch	$\overline{T}_U$ (°C)	T_B (°C)	$\overline{T}_U$ - T_B (°C)
A1	31,55±0,2	31,8	-0,25
A2	29,60±0,2	29,9	-0,30
B1	19,25±0,2	19,5	-0,25
B2	19,25±0,2	19,5	-0,25

b. Temperaturtransiente während des Anfahrens

Beim Anfahren von Versuch A1 konnte ein transienter Temperaturverlauf im Behälter erfasst werden, welcher die Funktionstüchtigkeit der Erfassung von Temperaturtransienten mit den Sensorpartikeln demonstriert.

Die Sensorpartikel wurden ca. eine Stunde vor dem Start für einen Vorversuch bei ausgeschaltetem Rührwerk in den hohen Behälter gegeben. Der Behälter wurde bei einer Solltemperatur von 30 °C betrieben. Die von den Wänden weit entfernten Zonen des Behälters wurden nur durch diffusiven Wärmetransport erwärmt. Der Temperaturregelkreis hat deshalb eine erhöhte Heizleistung eingestellt. Folglich waren die Bereiche nahe den Behälterwänden gegenüber der Kernzone und der oberen Zone viel wärmer.

Der Zeitverläufe der Eintauchtiefe zeigen, dass alle Sensorpartikel sofort nach der Zugabe in den Behälter bis zur Grenze der Zweiphasenzone bei $z/H_0 \approx 0{,}75$ abgesunken sind (Abbildung 6.6). Dabei erfolgte zunächst der thermische Ausgleichsprozess zwischen den kalten Sensorpartikeln und dem Fluid mit einer Zeitkonstante von $\tau_{0.99} < 1700$ s ($\Delta t/t_{mess} < 1{,}7{\cdot}10^4$). Die gemessenen Temperaturverläufe der Sensorpartikel in der nahezu konstanten, axialen Position bei

$z/H_0 \approx 0{,}70...0{,}75$ zeigen, dass diesem Ausgleichsvorgang der deutlich langsamere Temperaturanstieg in der oberen Zone des Behälters überlagert ist.

Durch das Anfahren des Rührwerkes zu Beginn von Versuch A1 bei $t/t_{mess} < 3{,}6{\cdot}10^4$ und die einsetzende Vermischung kommt es zu einer schnellen positiven Temperaturtransienten. Die wärmeren Fluidvolumina am Boden und an den Wänden werden durchmischt, sodass zunächst ein Temperaturanstieg gemessen wird. Danach folgt der Einschwingvorgang auf die Solltemperatur von 30 °C.

Der gemessene Temperaturverlauf zeigt, dass Wechsel im Heizregime und Ausgleichsvorgänge im Prozessraum erfasst werden können. Mit dem Einsatz schnellerer Temperaturmessfühler, wie z. B. des Typs c mit $\tau_{0.25} \approx 11$ s (Abbildung 3.11 und Tabelle 3.3), ist demzufolge auch die räumliche Zuordnung von Temperaturgradienten realisierbar.

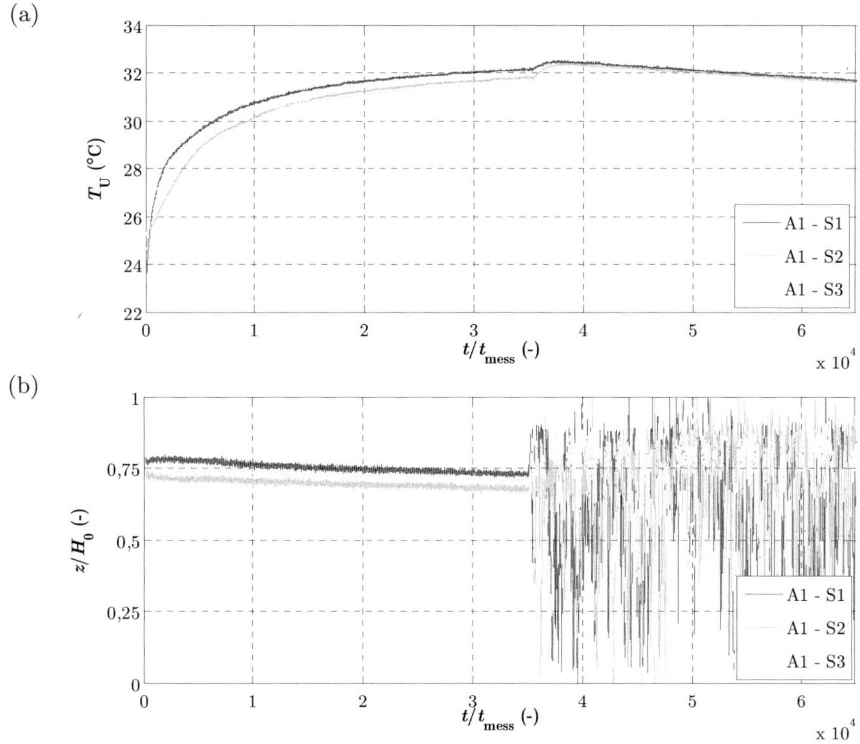

Abbildung 6.6: (a) Zeitlicher Temperaturverlauf beim Anfahrvorgang von Versuch A1 und (b) zugehöriger Zeitverlauf der normierten Eintauchtiefe für die Sensorpartikel 1 bis 3 (S1, S2 und S3).

6.3 Schlussfolgerungen

Mit den Sensorpartikeln konnte die Auswirkung der Rührwerkskonfigurationen auf die Strömungsbedingungen und die Feststoffverteilung bewertet werden. Die Messdaten und die extrahierten Parameterprofile bestätigen die in der Literatur beschriebenen Effekte in Suspensionen. Mit den Sensorpartikeln konnte die axiale Feststoffverteilung, welche für den Betrieb von Fermentern von zentraler Bedeutung ist, analysiert werden. Dabei zeigte sich auch ein Einfluss der verschiedenen Rührwerke auf die Feststoffverteilung. Zudem konnten Dichteunterschiede des Fluids und entmischte Schichten erkannt werden. Damit ist die Lokalisierung von gut und schlecht durchmischten Zonen möglich.

Weiterhin konnte die Suspensionsgüte als Funktion der Aufenthaltswahrscheinlichkeit der Sensorpartikel quantitativ wiedergeben werden. Anhand der Häufigkeitsverteilungen der Geschwindigkeit und der Phasenportraits konnte klar auf die herrschende Strömungsdynamik geschlussfolgert werden. So liefern die Phasenportraits Informationen über die axiale Ausdehnung der Zirkulationsströmung und die Lage der Zirkulationspunkte für das einstufige und das zweistufige Rührwerk.

Die Profile der mittleren Zirkulationszeiten und der Streuung liefern ergänzende Informationen über den Homogenitätsgrad im Behälter. Die axiale Verteilung der mittleren Zirkulationszeit macht die Strömungsbedingungen eindeutig interpretierbar.

Die gemessenen Mittelwerte der Temperatur zeigen geringe Abweichungen zu den Referenzwerten, welche sich durch die bodennahe Position des Referenzmessfühlers ergeben. Die räumliche Zuordnung der geringen Temperaturgradienten in den Behältern war mit den Temperaturmessfühlern vom Typ a nicht möglich. Die gemessene Temperaturtransiente beim Anfahren von Versuch A1 zeigt jedoch, dass dynamische Veränderungen der Temperaturverteilung erfasst werden können. Der Einsatz schnellerer Temperaturmessfühler, z. B. solcher von Typ c, könnte auch die räumliche Zuordnung von Gradienten und die Darstellung von räumlichen Temperaturprofilen ermöglichen.

7 Zusammenfassung und Ausblick

Dieses Kapitel gibt eine abschließende Zusammenfassung der erreichten technischen und wissenschaftlichen Ziele der vorliegenden Arbeit. Zudem wird ein Ausblick auf zukünftige Arbeitsschritte gegeben.

7.1 Zusammenfassung

In der vorliegenden Arbeit wurde ein Konzept instrumentierter, strömungsfolgender Sensoren zur Erfassung räumlich verteilter Parameter in Mischbehältern entwickelt. Bezogen auf die Makroskale von Mischprozessen in Großbehältern lässt die geringe Baugröße der Strömungsfolger deren Betrachtung als strömende Partikel bzw. Sensorpartikel zu.

Die Sensorpartikel ermöglichen die Analyse hydrodynamischer und thermodynamischer Prozessbedingungen in Mischbehältern. Es können ablaufende Mischprozesse auf makroskopischer Ebene anhand der Homogenität, der Zirkulationsströmung, der Strömungsdynamik sowie des Suspensionsverhaltens charakterisiert werden. Zudem können Parameter von Misch- und Rührwerksmodellen bestimmt werden. Damit sind auch die Anpassung theoretisch berechneter Modellparameter und die Validierung von Prozessmodellen möglich.

Das Gehäuse der Sensorpartikel wurde hinsichtlich hoher Robustheit, hoher Sphärizität und geringer Baugröße gestaltet. Die Optimierung der Elektronik erfolgte hinsichtlich des Energieverbrauchs bzw. der Laufzeit, des Speichervolumens, des Bauteilaufwandes, des Platzbedarfs, der Messunsicherheit und der einfachen Erweiterbarkeit durch weitere Messfühler.

Es erfolgten die Kalibrierung und die Bestimmung der Gesamtmessunsicherheit der einfachen Temperaturmessfühler für die sechs aufgebauten Sensorpartikel. Durch die aufwendige Temperaturkalibrierung der Druckmessfühler in den Sensorpartikeln, konnte die Gesamtmessunsicherheit der Druckmessung auf ein entsprechend den Anforderungen akzeptables Maß reduziert werden. Die berechneten Messunsicherheiten der Druckmessung bzw. der Messung der Eintauchtiefe bestätigen dies.

Durch die Reduzierung des Bauteilaufwandes auf ein Minimum und die Auswahl energieeffizienter Schaltkreise wurden hinreichend lange Laufzeiten der Elektronik erreicht. In Laborversuchen konnte gezeigt werden, dass mit einer CR2477-Zelle Laufzeiten eines Sensorpartikels von bis zu 140 Tagen erreichbar sind, welche den typischen Verweilzeiten in Biogasfermentern von 50...150 Tagen gerecht werden.

Die entwickelten Sensorpartikel wurden in einem Rührbehälter eingesetzt und anhand von Referenzmessungen, theoretischen Berechnungen und numerischen Strömungssimulationen validiert. Aus den Messdaten können räumliche Parameterprofile der Aufenthaltswahrscheinlichkeit und der Zirkulationszeit sowie Phasenportraits extrahiert werden, welche schlüssige Interpretationen hinsichtlich der Strömungsform und des Zustandes des Mischprozesses zulassen. Weiterhin konnte gezeigt werden, dass aus den Messdaten der Sensorpartikel relevante Modellparameter, wie Zirkulationsbeiwert, Förderhöhe und PECLÉT-Zahl, bestimmt werden können. Die Abweichungen zu den Salztracer-Messungen sind mit dem theoretisch berechneten Schlupf der Sensorpartikel erklärbar. Aus den Messdaten ist die Abhängigkeit des Schlupfs von der Viskosität des Fluids ersichtlich. Basierend auf diesen Ergebnissen ist für die hohen Viskositäten in realen Substraten von Biogasfermentern auf ein hinreichendes Strömungsfolgeverhalten und einen vernachlässigbaren Schlupf zu schließen.

Die Sensorpartikel wurden weiterhin in zwei Fermentern erfolgreich unter realen Strömungsbedingungen eines Biogasfermenters eingesetzt. Mit den Sensorpartikeln konnte erstmals das Suspensionsverhalten in der verwendeten Stroh-Wasser-Suspension charakterisiert werden. Dazu wurde die axiale Aufenthaltswahrscheinlichkeit der Sensorpartikel als Maß für die Feststoffverteilung genutzt. Zudem konnte die Eignung der verschiedenen Rührwerkskonfigurationen zur Vermischung des Substrates untersucht werden. Die Bestimmung der Suspensionsgüte aus der Varianz der axialen Aufenthaltswahrscheinlichkeit der Sensorpartikel stellt eine Grundlage für den objektiven Vergleich des Suspensionsverhaltens in unterschiedlichen Behältergeometrien und Rührwerkskonfigurationen dar. Außerdem kann so eine quantitative Beurteilung der Vermischung in Großbehältern erfolgen.

7.2 Ausblick

Hauptaufgabe für die Zukunft ist die Validierung der Sensorpartikel in Biogasfermentern und anderen Großbehältern. Dabei ist das bisher nicht betrachtete Problem der Rückgewinnung der Sensorpartikel zu lösen. Ein Lösungsansatz ist die Einbindung einer Auftriebssteuerung mit der Funktion einer Fischblase. Dadurch könnte nach abgeschlossener Messung ein gezieltes Auftreiben der Sensorpartikel erfolgen. Somit wäre die manuelle oder automatische Rückgewinnung der Sensorpartikel an der Flüssigkeitsoberfläche möglich. Weitere Rückgewinnungskonzepte basieren auf Metalldetektoren zur Lokalisierung der Sensorpartikel und mechanischen Filtern in Überläufen.

In den Labor- und Technikumsanlagen konnten aufgrund der hinreichend guten Durchmischung keine signifikanten Temperaturgradienten nachgebildet werden.

Deshalb sind ergänzende Versuche mit nachgebildeten Temperaturschichtungen oder Hotspots zur Validierung der Temperaturmessfühler sinnvoll.

Durch den modularen Aufbau der Erfassungselektronik wird die zukünftige Integration weiterer Messfühler erleichtert. So ist die Erweiterung der Sensorpartikel durch Messfühler für analytische Parameter, wie den pH-Wert, den Gelöstsauerstoffgehalt, die elektrische Leitfähigkeit, die Dielektrizitätskonstante und den Gasgehalt, denkbar. Der Einbindung weiterer Messfühler zur Erweiterung der räumlichen Trajektorien- und Lageerfassung, wie Drehratensensoren, Magnetfeldsensoren und akustische Sensoren, wird eine hohe Bedeutung beigemessen. Dies kann weitere Informationen über die Hydrodynamik, wie z. B. radiale Strömungsformen, und ein ganzheitliches Bild der räumlichen Bewegung der Sensorpartikel liefern. Bei diesem Vorgehen ist insbesondere in Großbehältern die Kombination mit fest montierten Referenzsonden zur Positionsmarkierung oder sogar zur Kommunikation in Betracht zu ziehen.

Literaturverzeichnis

[1] D. Böhme, W. Dürrschmidt, Erneuerbare Energie in Zahlen - Internet-Update ausgewählter Daten, Bundesministerium für Umwelt, Naturschutz und Reaktorsicherheit (BMU), Berlin, 2011, www.erneuerbare-energien.de

[2] Fachagentur Nachwachsende Rohstoffe e.V. (FNR), Basisdaten Bioenergie Deutschland, Gülzow, 2011, http://www.nachwachsenderohstoffe.de/

[3] Fachagentur Nachwachsende Rohstoffe e.V. (FNR), Leitfaden Biogas, 5. Auflage, Gülzow, 2010, http://www.biogasportal.info/

[4] EU-Projekt entwickelt Kriterien für Öko-Biogas, Energie aus Pflanzen, 17(2013)2, 29.

[5] EU-Projekt „SUSTAINGAS", EU-Förderprogramm „Intelligent Energy Europe", Stand 23.06.2013, http://www.sustaingas.eu/

[6] J. Wiese, Mess- und Automatisierungstechnik auf Biogasanlagen aus Sicht eines Planers, Erbauers und Betreibers, 2. VDI-Konferenz Prozessmesstechnik an Biogasanlagen, VDI Wissensforum, Fulda, 2012, 1-8.

[7] P. Weiland, Wichtige Messdaten für den Prozessablauf und Stand der Technik in der Praxis, Gülzower Fachgespräche, Fachagentur Nachwachsende Rohstoffe e.V. (FNR), Gülzow, 27(2007), 17-31.

[8] J. Zosel, W. Vonau, Schädigung elektrochemischer Sensoren in Biogasprozessen, 2. VDI-Konferenz Pozessmesstechnik an Biogasanlagen, VDI Wissensforum, Fulda, 2012, 97-107.

[9] M. Brehmer, M. Kraume, Bedeutung einer exakten rheologischen Beschreibung von Gärsubstraten für das Strömungsregime im Biogasfermenter, 2. VDI-Konferenz Prozessmesstechnik an Biogasanlagen, VDI Wissensforum, Fulda, 2012, 117-128.

[10] K. Rostalski, Rührwerke in Biogasanlagen – Technik mit zentraler Bedeutung, Gülzower Fachgespräche, Fachagentur Nachwachsende Rohstoffe e.V. (FNR), Gülzow, 32(2009), 26-36.

[11] G. Dachs, W. Rehm, Der Eigenstromverbrauch von Biogasanlagen und Potenziale zu dessen Reduzierung, SeV-Studien 01, Solarenergieförderverein Bayern e.V., München, 2006.

[12] H.-J. Nägele, A. Lemmer, H. Oechsner, T. Jungbluth, Electric Energy Consumption of the Full Scale Research Biogas Plant "Unterer Lindenhof": Results of Longterm and Full Detail Measurements, Energies, 5(2012), 5198-5214.

[13] A.W. Nienow, Hydrodynamics of stirred bioreactors, Appl. Mech. Rev., vol. 51(1998)1, 3-32.

[14] S.-O. Enfors, M. Jahic, A. Rozkov et al., Physiological responses to mixing in large scale bioreactors, J Biotechnol, 85(2001), 175–185.

[15] Besser rühren statt baggern, DLZ Agrar Magazin, Deutscher Landwirtschaftsverlag GmbH, Stand 20.12.2011, http://dlz.agrarheute.com/ruehren-statt-baggern

[16] P. Weiland, Ergebnisse aus dem aktuellen Biogas-Messprogramm II, Gülzower Fachgespräche, Fachagentur Nachwachsende Rohstoffe e.V. (FNR), Gülzow, 32(2009), 14-25.

[17] A. J. Ward et al., Optimisation of the anaerobic digestion of agricultural resources, Bioresource Technol, 99(2008), 7928–7940.

[18] M. Kraume, Mischen und Rühren, Grundlagen und moderne Verfahren, Wiley-VCH Verlag, Weinheim, 2003.

[19] A. Deutschmann, K. Jobst, E. Friedrich; K. Rostalski, Prozess-Tomographie - Die Möglichkeit der praxisnahen Bewertung und Optimierung von Mischprozessen, 5. Biogas-Innovationskongress, Osnabrück, 2012, http://publica.fraunhofer.de/eprints/urn:nbn:de:0011-n-2034001.pdf

[20] A. Göller, S. Vogelei, T. Nacke, Mikrowellen-TS-Sensorik für Biogassubstrate – praktische Einsatzfälle, 2. VDI-Konferenz Pozessmesstechnik an Biogasanlagen, VDI Wissensforum, Fulda, 2012, 59-71.

[21] K. Boe, Online monitoring and control of the biogas process, Dissertation, Technische Universität Dänemark, Lyngby, 2006.

[22] M. Schelter, J. Zosel, W. Oelßner, U. Guth, M. Mertig, Gelöstgas-Analytik in biogenen Medien, In: G. Gerlach (Hrsg.), A. Schütze (Hrsg.), 10. Dresdner Sensor-Symposium, Dresdner Beiträge zur Sensorik, TUDpress, Dresden, 43(2011), 313-316.

[23] S. Junne, E. Kielhorn, N. Cruz-Bournazou, P. Neubauer, Steuerungs- und Regelungskonzepte für den Einsatz an Biogasanlagen, 2. VDI-Konferenz Pozessmesstechnik an Biogasanlagen, VDI Wissensforum, Fulda, 2012, 147-155.

[24] M. Faulstich, S. Prechtl, Optimierte Durchmischung von Biogasreaktoren, Abschlußbericht, EFRE Vorhaben E126, ATZ Entwicklungszentrum, 2005, http://uok.bayern.de/

[25] O. Levenspiel, Chemical Reaction Engineering, 3. Auflage, John Wiley & Sons, New York, 1999.

[26] I. Capela, M. Joao Bilé, F. Silva, H. Nadais, A. Prates, L. Arrojaa, Hydrodynamic behaviour of a full-scale anaerobic contact reactor using residence time distribution technique, J Chem Technol Biot, 84(2009), 716–724.

[27] D. Olivet, J. Valls, M. A. Gordillo, A. Freixó, A. Sánchez, Application of residence time distribution technique to the study of the hydrodynamic behaviour of a full-scale wastewater treatment plant plug-flow bioreactor, J Chem Technol Biot, 80(2005), 425–432.

[28] Verordnung über die Verwertung von Bioabfällen auf landwirtschaftlich, forstwirtschaftlich und gärtnerisch genutzten Böden (Bioabfallverordnung - BioAbfV), Stand 23.04.2012, http://www.juris.de/

[29] G. Deerberg, J. Grän-Heedfeld, A. Dudlik, T. Henning, Strömungs- und Wärmetransportoptimierung in Biogasanlagen, Abschlussbericht, FKZ 22015305, Fachagentur Nachwachsende Rohstoffe e.V. (FNR), Gülzow, 2009.

[30] P. Mavros, Flow visualization in stirred vessels – A review of experimental techniques, Trans I Chem E, 79(2001), 113–127.

[31] E.L. Paul, V.A. Atiemo-Obeng, S.M. Kresta, Handbook of Industrial Mixing Science and Practice, Wiley-Interscience, New Jersey, 2004.

[32] J. Bryant, Mixing in fermenters, Dissertation, University of Cambridge, 1969.

[33] J. Solomon, T. P. Elson, A. W. Nienow, G. W. Pace, Cavern sizes in agitated Fluids with a yield stress, Chem Eng Commun, 11(1981), 143-164.

[34] D.F. Scofield, P. Huq, Lagrangian marker particle trajectory and microconductivity measurements in a mixing tank, Chem Eng Sci, 64(2009), 276-287.

[35] A. Day, Mixing in stirred tanks, Dissertation, University of Exeter, 1975.

[36] J. C. Middleton, Measurement of circulation within large mixing vessels, 3. Conference on Mixing 4.-6. April, BHRA Fluid Engineering, York, England, 1979, 15-36.

[37] J. van Barneveld, W. Smit, N. M. G. Oosterhuis, H. J. Pragt, Measuring liquid circulation time in a large gas-liquid contactor by means of a radio-pill. 1. Flow pattern and mean circulation time, Ind Eng Chem Res, 26(1987), 2185-2192.

[38] J. van Barneveld, W. Smit, N. M. G. Oosterhuis, H. J. Pragt, Measuring liquid circulation time in a large gas-liquid contactor by means of a radio-pill. 2. Circulation time distribution, Ind Eng Chem Res, 26(1987), 2192-2195.

[39] Y.S. Fangary, M. Barigou, J.P.K. Seville, D.J. Parker, Fluid trajectories in a stirred vessel of non-Newtonian liquid using positron emission particle tracking, Chem Eng Sci, 55(2000), 5969-5979.

[40] H.-P. Luo, M. H. Al-Dahhan, Macro-mixing in a draft-tube airlift bioreactor, Chem Eng Sci, 63 (2008), 1572-1585.

[41] M. Antoniou, M.C. Boon, P.N. Green, P.R. Green, and T.A. York, Wireless Sensor Networks for Industrial Processes, IEEE SAS, New Orleans, LA, USA, 2009, 13-18.

[42] J. Wolf, R. Schacht, H. Reichl, The "e-Grain" concept building blocks for self-sufficient distributed microsystems, Frequenz, 58(2004), 3-4.

[43] I.F. Akyildiz, W. Su, Y. Sankarasubramaniam, E. Cayirci, Wireless sensor networks: a survey, Comput Netw, 38(2002), 393–422.

[44] T. Abele et al., Technologie-Roadmap: Prozess-Sensoren 2005-2015, Abschlußbericht, NAMUR, GMA, Stand 01.05.2005, http://www.namur.de

[45] J. Yick, B. Mukherjee, D. Ghosal, Wireless sensor network survey, Comput Netw, 52(2008), 2292–2330.

[46] I.F. Akyildiz, D. Pompili, T. Melodia, Underwater acoustic sensor networks: research challenges, Ad Hoc Netw, 3(2005), 257–279.

[47] I. Vasilescu, K. Kotay, D. Rus, M. Dunbabin, P. Corke, Data Collection, Storage, and Retrieval with an Underwater Sensor Network, Proceedings of the 3th Conference on Embedded Networked Sensor Systems (SensSys), Association for Computing Machinery (ACM), 2005, 154-165.

[48] D. Trinchero, R. Stefanelli, A. Galardini, B. Fiorelli, Wireless Sensors for a Wire-Independent Analysis of Fluid Networks, IEEE SAS, New Orleans, LA, USA, 2009, 105-108.

[49] Actuated acoustic sensor networks, Kooperationsprojekt Universität Manchester und Oxford, Projektträger EPSRC im Programm "Wired and Wireless Intelligent Networked Systems" (WINES), Stand 23.06.2012, http://www.aasn4ip.org.uk/

[50] York et al., Acoustic sensor networks for decommissioning, Meas Control, 45(2012)2, 48-54.

[51] P. N. Green et al., Mapping legacy strorage ponds, Nuclear Future, 7(2011)5, 54-59.

[52] A. Burnett-Thompson, T. A. York, A 3D Acoustic local positioning system to track a neutrally bouyant flow follower, IEEE IMTC, 2007, 1-6.

[53] M. G. Pottinger, T. A. York, Modified algorithm for localisation of wireless sensors in confined spaces, IEEE WiSNet, 2011, 29–32.

[54] P.M. Wadke, A.D. Salman, M.J. Hounslow, The 'Smart' temperature sphere - Application in rotary drum mixers, Powder Technol, 185(2008), 274–279.

[55] P.M. Wadke, M.J. Hounslow, A.D. Salman, The 'Smart' Sphere - Experimental Results, Chem Eng Res Des, 83(2005), 1265-1340.

[56] Z. Deng, T.J. Carlson, J.P. Duncan, M.C. Richmond, Six-Degree-of-Freedom Sensor Fish Design and Instrumentation, Sensors Journal, 7(2007), 3399-3415.

[57] Z. Deng, T.J. Carlson, J.P. Duncan, M.C. Richmond, D. D. Dauble, Use of an autonomous sensor to evaluate the biological performance of the advanced turbine at Wanapum Dam, J Renewable and Sustainable Energy, 2(2010)5, 053104 1-11.

[58] F.J. Winkler, Trajektorienfolgeregelung einer Klasse von verteilt-parametrischen Systemen mit verteiltem Stelleingriff und mitgeführter Sensorik, Dissertation, Technische Universität München, 2011.

[59] F. Liepe, R. Sperling, S. Jembere, Rührwerke, Theoretische Grundlagen, Auslegung und Bewertung, 1. Aufl., Eigenverlag Fachhochschule Köthen, 1998.

[60] Bayerisches Landesamt für Umwelt (LfU), Biogashandbuch Bayern – Materialienband, Augsburg, Stand Juli 2007.

[61] Optimum Energy Balance due to Amaprop Submersible Mixers, KSB AG, Stand 23.06.2013, http://www.ksb.com/ksb-us/Products_and_Services/waste_water/Biogas/331734

[62] Komponenten für Biogasanlagen, PaulMichl GmbH, Stand 23.06.2013, http://www.paulmichl-gmbh.de

[63] H. Schubert, Handbuch der Mechanischen Verfahrenstechnik, Wiley-VCH Verlag, Weinheim, 2003.

[64] F. Liepe, W. Meusel, H.-O. Möckel, B. Platzer, H Weißgärber, Verfahrenstechnische Berechnungsmethoden, Teil 4 Stoffvereinigen in fluiden Phasen, Deutscher Verlag für Grundstoffindustrie, Leipzig, 1988.

[65] A. N. Kolmogorov, Die lokale Struktur der Turbulenz in einer inkompressiblen zähen Flüssigkeit bei sehr großen REYNOLDS-Zahlen. In: A. N. Kolmogorov (Hrsg.), H. Limberg (Hrsg.), H. Goering (Hrsg.), Sammelband zur statistischen Theorie der Turbulenz, Akademie-Verlag, Berlin, 1958.

[66] S. Wollny, Experimentelle und numerische Untersuchungen zur Partikelbeanspruchung in gerührten (Bio-)Reaktoren, Dissertation, TU Berlin, 2010, http://opus.kobv.de/tuberlin/volltexte/2010/2725/pdf/wollny_stefan.pdf

[67] R. Geisel, A. Mersmann, H. Voit, Makro – und Mikromischen im Rührkessel, Chem Ing Tech, vol. 60(1988)12, 947-955.

[68] S. Decker, Zur Berechnung von gerührten Suspensionen mit dem Euler-Langrange-Verfahren, Dissertation, Martin-Luther-Universität Halle-Wittenberg, 2005.

[69] J.G. Van de Vusse, Vergleichende Rührversuche zum Mischen löslicher Flüssigkeiten in einem 12000-m^3-Behälter, Chem-Ing-Tech, vol. 31(9), S. 583-587, 1959.

[70] H. Barrue, C. Xuereb, P. Pitiot, L. Falk, J. Bertrand, Comparison of Experimental and Computational Particle Trajectories in a Stirred Vessel, Chem Eng Technol, 22(1999)6, 511-521.

[71] W. D. Einenkel, Beschreibung der fluiddynamischen Vorgänge beim Suspendieren im Rührwerk, VDI-Forschungsheft, 595(1979).

[72] M. Stieß, Mechanische Verfahrenstechnik – Partikeltechnologie 1, 3. Aufl., Springer-Verlag, Berlin, 2009.

[73] D.W. Green, R.H. Perry, Perry's Chemical Engineers' Handbook, 8. Aufl., McGraw-Hill Professional, 2007.

[74] A. Haider, O. Levenspiel, "Drag coefficient and terminal velocity of spherical and nonspherical particles," Powder Technol, 58(1989)1, 63-70.

[75] H. Wadell, Volume, Shape and Roundness of Quartz Particles, J Geol, 43(1935), 250–280.

[76] C. Crowe, M. Sommerfeld, Y. Tsuji, Multi-phase flows with droplets and particles, CRC Press LLC, 1998.

[77] J. Kussin, Experimentelle Studien zur Partikelbewegung und Turbulenzmodifikation in einem horizontalen Kanal bei unterschiedlichen Wandrauhigkeiten, Dissertation, Universität Halle-Wittenberg, 2004, http://sundoc.bibliothek.uni-halle.de/diss-online/04/04H063/prom.pdf

[78] Bundesforschungsanstalt für Landwirtschaft (FAL), Ergebnisse des Biogas-Messprogramms, Gülzow, 2005, http://www.fnr.de/

[79] Murata NTC Thermistors, Datenblatt, 2001.

[80] J. Fraden, Handbook of Modern Sensors: Physics, Designs, and Applications, 3. Aufl., Springer, New York, Berlin, Heidelberg, 2004.

[81] U. Tietze, C. Schenk, Halbleiter-Schaltungstechnik, 11. Aufl., Springer Verlag, Berlin Heidelberg New York, 1999.

[82] Microchip PIC 18F2420, Datenblatt, 2008.

[83] D. R. Lide, CRC Handbook of Chemistry and Physics, 85. Aufl., Boca Raton, FL: CRC Press, 2005.

[84] Guide to the expression of uncertainty in measurement, GUM, German Version ENV 13005:1999, DIN Deutsches Institut für Normung e.V.

[85] J. V. Nicholas, D. R. White, Traceable Temperatures- An Introduction to Temperature Measurement and Calibration, 2. Aufl., Wiley-VCH Verlag, Weinheim, 2001.

[86] Keller Drucktransmitter Serie 9S, Datenblatt, 2008.

[87] J. S. Wilson, Sensor Technology Handbook, Newnes, 2005.

[88] STMicroelectronics Linear Accelerometer - LIS3LV02DL, Datenblatt, Stand 01.01.2008, http://www.st.com/

[89] J. G. Webster, The Measurement, Instrumentation, and Sensors Handbook, CRC Press LLC, 1998.

[90] Texas Instruments TPS61221, Datenblatt, 2009.

[91] Primary Lithium Cells $LiMnO_2$, Sales program and technical handbook, VARTA Mircobattery GmbH, Stand 23.06.2013, http://www.varta-microbattery.com/

[92] Renata Designers Guide 3 V Lithium Batteries, Stand 23.06.2013, http://www.renata.com/designersguide/

[93] Tadiran Lithium Batterien, Technische Broschüre, Tadiran Batteries, 2012, http://www.tadiranbatteries.de/

[94] CR2477N 3V Lithium Battery, Renata Batteries, Datenblatt, 2006.

[95] G. Pistoia, Battery Operated Devices and Systems - From Portable Electronics to Industrial Products, Elsevier B.V., 2009.

[96] SL-889 1/10D, Tadiran Batteries, Datenblatt, 2012.

[97] Rechargeable Lithium-Polymer, Datenblatt, VARTA Mircobattery GmbH, http://www.varta-microbattery.com/

[98] NiMH Akku, Ansmann, Datenblatt, 2009.

[99] Murata Polymer Aluminum Electrolytic Capacitors – ECAS Series, Datenblatt, Stand 23.06.2013, http://www.murata.com/products/polymer/

[100] Texas Instruments INA128, Datenblatt, 2005.

[101] Materialliste Polymere, GoodFellow, http://www.goodfellow.com/G/Polymere.html

[102] J. Zschau, T. Gocht, H.-M. Prasser, A. Böttger, Needle shaped conductivity probes with integrated micro-thermocouple and their application in rapid condensation experiments with non-condensable gases, Kerntechnik, 68(2003), 114–120.

[103] R. Kipping, Modellierung der Mischvorgänge in Rührreaktoren, Großer Beleg, TU Dresden, 2012.

[104] S. Reinecke, et al., Flow following sensor particles - Validation and macro-mixing analysis in a stirred fermentation vessel with a highly viscous substrate, Biochem Eng J, 69(2012), 159-171.

Anhang A - Verzeichnis relevanter wissenschaftlicher Arbeiten

Journalveröffentlichungen

S. Thiele, M. J. Da Silva, U Hampel, Autonomous sensor particle for parameter tracking in large vessels, Meas Sci Technol, 21(2010)8, 085201 1-8.

S. Reinecke, U. Hampel, Autonome Sensorpartikel zur Prozessdiagnose in Großbehältern, Tech Mess, 79(2012)10, 464-471.

S. Reinecke et al., Flow following sensor particles - Validation and macro-mixing analysis in a stirred fermentation vessel with a highly viscous substrate, Biochem Eng J, 69(2012), 159-171.

Tagungsbeiträge

S. Reinecke (geb. Thiele) et al., Design of a neutrally buoyant self-powered multi-parameter sensor for data logging in flow applications, IEEE Sensors 2009 Conference, Christchurch, Neuseeland, 2009, 1927-1930.

S. Reinecke (geb. Thiele) et al., Entwicklung eines auftriebsneutralen autarken Multi-Parameter-Sensors zur Datenerhebung in Flüssigkeitsströmungen, In: G. Gerlach (Hrsg.), P. Hauptmann (Hrsg.), 9. Dresdner Sensor-Symposium, Dresdner Beiträge zur Sensorik, TUDpress, Dresden, 39(2011), 139-142.

S. Reinecke et al., Evaluation of an autonomous sensor swarm for fermentation reactor applications, 1. European Congress of Applied Biotechnology ECAB, Berlin, 2011, Kurzfassung verfügbar unter: http://www.ecce2011.de/congressplanner-path-1,30.html

S. Reinecke, H. Kryk, U. Hampel, Intelligente Strömungsfolger zur räumlichen Parametererfassung in großskaligen Behältern, Mess- und Regelungskonzepte in der Lebensmittel- und Umweltbiotechnologie, Gesellschaft für Chemische Technik und Biotechnologie e. V., Gerlingen, 2011, 9-12.

S. Reinecke, U. Pöpping, U. Hampel, Intelligente Sensorpartikel zur Strömungsuntersuchung in Rührbehältern, Late-Minute Poster, 10. Dresdner Sensor-Symposium, Dresden, 2011.

S. Reinecke, H. Kryk, U. Hampel, Intelligente Sensorpartikel zur Prozessdiagnose in Mischbehältern, Posterbeitrag, 15. Köthener Rührer-Kolloquium, Köthen, 2012.

S. Reinecke, U. Pöpping, U. Hampel, Autonome Sensorpartikel zur räumlichen Parametererfassung in großskaligen Behältern, 16. GMA/ITG Fachtagung Sensoren und Messsysteme, VDI/VDE-Gesellschaft Mess- und Automatisierungstechnik (GMA) und Informationstechnische Gesellschaft im VDE (ITG), AMA Service (Hrsg.), Nürnberg, 2012, 513-521.

S. Reinecke, U. Hampel, Instrumentierte Strömungsfolger zur räumlichen Parametererfassung in großskaligen Behältern, 9. Tagung Mess- und Regelungstechnik in abwassertechnischen Anlagen, Fulda, 2013, 33, ISBN: 978-3-944328-44-7.

S. Reinecke et al., Validation of flow following sensor particles with ERT in a stirred vessel, 7th World Congress on Industrial Process Tomography, Polen, Warschau, 2013, 10-17.

S. Reinecke, U. Hampel, Validierung instrumentierter Strömungsfolger in einem Rührbehälter, 11. Dresdner Sensor-Symposium, Dresden, 2013, 456–461, DOI: 10.5162/11dss2013/L15.

Preise

Best Young Researcher Presentation, 7th World Congress on Industrial Process Tomography, Polen, Warschau, 2013.

S. Reinecke, U. Pöpping, U. Hampel, Preis enertec dezentral 2011, Verbundnetz Gas AG und die Leipziger Messe GmbH, Leipzig, 2011.

2. Platz "Beste 3 Poster", 10. Dresdner Sensor-Symposium, Dresden, 2011.

Best Presentation Award, 6. Doktorandenseminar des HZDR, Rabenberg, 2011.

Betreute studentische Arbeiten

J. Dong, Aufbau und Evaluierung eines Impedanzmesssensors auf Basis des integrierten Schaltkreises AD5933, Fachpraktikumsbericht, FZD, TU Dresden, 2008.

F. Voigt, Elektronische Plattform für einen autonomen multiparametrischen Sensor, Diplomarbeit, HTW Dresden, 2009.

I. Demyakov, Aufbau und Test einer Detektoranordnung zur Detektion diskreter metallisierter Partikel in einer horizontalen Flüssigkeitsströmung, Fachpraktikumsbericht, FZD, TU Dresden, 2010.

P.-M. Schöneich, Entwicklung diskreter metallisierter Partikel zur Verweilzeitmessung in Rührreaktoren, Interdisziplinäre Arbeit, TU Dresden, Fakultät Maschinenwesen, 2010.

M. Jäkel, Optimierung und Weiterentwicklung eines autonomen Sensorpartikels, Diplomarbeit, HTW Dresden, 2010.

R. Kipping, Modellierung der Mischvorgänge in Rührreaktoren, Großer Beleg, TU Dresden, Fakultät Maschinenwesen, 2012.

S. Reichel, Leitfähigkeits- und Gasgehaltsmessung für instrumentierte Strömungsfolger, Diplomarbeit, HTW Dresden, 2013.

C. Schneider, Entwicklung und Test einer Auftriebssteuerung für strömungsfolgende Sensorpartikel, Diplomarbeit, HTW Dresden, 2013.

Anhang B - Modellierung des Ansprechverhaltens des Temperaturmessfühlers

Die Übertragungsfunktion $G(s)$ des thermischen Modells mit dem Ersatzschaltbild nach Abbildung 3.8 ergibt sich im Bildbereich der Laplace-Transformation zu

$$G(s) = \frac{\Delta T_\mathrm{M}}{\Delta T_\mathrm{U}} = \frac{1 + s \cdot \tau_2}{s^2 \cdot \tau_1 \cdot \tau_2 + s(\tau_1 + \tau_2 + \tau_3) + 1} \tag{B.1}$$

mit dem komplexen Frequenzparameter s. Die Sprungantwortfunktion $\Delta T_\mathrm{M}(t)$ nach einem Temperatursprung ΔT_U ergibt aus der Laplace-Rücktransformation von $G(s)$ aus Gl. (B.1):

$$\Delta T_\mathrm{M}(t) = \mathcal{L}^{-1}\left\{G(s) \cdot \frac{\Delta T_\mathrm{U}}{s}\right\} = \Delta T_\mathrm{U} \cdot \left(1 - \frac{\cosh(A \cdot t) + \frac{C}{A} \cdot \sin\mathrm{h}(A \cdot t)}{e^{B \cdot t}}\right). \tag{B.2}$$

Darin sind

$$A = \left(B^2 - D^{-1}\right)^{1/2},$$
$$B = (\tau_1 + \tau_3 + \tau_2)/(2 \cdot D),$$
$$C = (\tau_1 + \tau_3 - \tau_2)/(2 \cdot D) \text{ und}$$
$$D = \tau_1 \cdot \tau_2.$$

Die verwendeten Materialkennwerte für die Modellparameter sind in Tabelle 7.1 enthalten. Die Ausgangswerte für die Modellparameter wurden auf die Werte von R_PET und C_PET für PET normiert. Tabelle 7.2 enthält die in der Modellberechnung verwendeten normierten Modellparameter für die vier Varianten (MASSIV, HOHL, DÜNN, STAHL).

Tabelle 7.1: Auflistung der relevanten Materialkennwerte und der normierten Ausgangswerte für die Modellparameter.

Material	λ	$R_\lambda = \lambda^{-1}$	$R_\mathrm{th}/R_\mathrm{PET}$	c	ρ	$C_\mathrm{th}/V = c \cdot \rho$	$C_\mathrm{th}/C_\mathrm{PET}$
	$\mathrm{W \cdot (m \cdot K)^{-1}}$	$\mathrm{m \cdot K \cdot W^{-1}}$	(-)	$\mathrm{J \cdot (kg \cdot K)^{-1}}$	$\mathrm{kg \cdot m^{-3}}$.	$\mathrm{J \cdot m^{-3} \cdot K^{-1}}$	(-)
PET	0,24	4,17	1	1100	1250	1.375.000	1
Luft (28% O_2, 78% N_2)	0,03	38,17	9,2	1010	1,29	1.303	0,001
Stahl	30	0,033	0,008	470	7800	3.666.000	2,7

Tabelle 7.2: Normierte Modellparameter für das Wärmeleitungsmodell von Abbildung 3.8 für die betrachteten vier Varianten (MASSIV, HOHL, DÜNN, STAHL).

	MASSIV	HOHL	DÜNN	STAHL
Variante	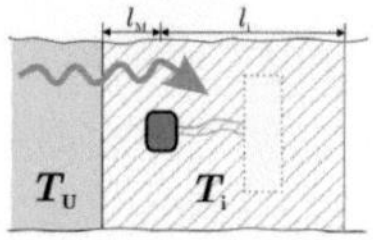	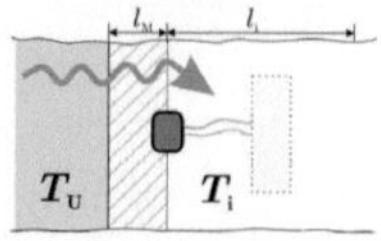	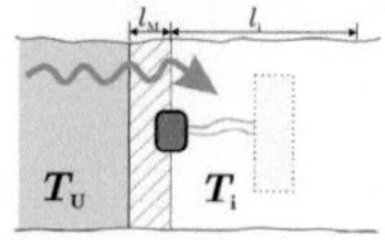	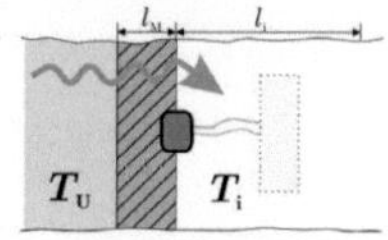
$R_{th1}/R_{th1,MASSIV}$	1	1	0,75	0,008
$C_{th1}/C_{th1,MASSIV}$	1	1	0,75	2,7
$R_{th2}/R_{th1,MASSIV}$	10	92	92	92
$C_{th2}/C_{th1,MASSIV}$	10	0,01	0,01	0,01
$\tau_1/\tau_{1,MASSIV}$	1	1,00	0,56	0,02
$\tau_2/\tau_{1,MASSIV}$	100	0,92	0,92	0,92
$\tau_3/\tau_{1,MASSIV}$	10	0,01	0,0075	$8{\cdot}10^{-5}$

Anhang C - Eigenschaften der Messfühler

C.1 Temperaturmessfühler

Die wesentlichen Eigenschaften der in den Strömungsfolgern zur Temperaturmessung eingesetzten NTC-Thermistoren vom Typ NTSA0WF104FE1B0 (Murata) sind [79]:

- Widerstand: R_0 = 100 kOhm ±1% bei T_0 = 25 °C
- Materialkonstante: $\beta \approx$ 4300 K für T = 25-85 °C
- Betriebstemperatur: -40 °C bis 125 °C
- Therm. Zeitkonstante: τ_T < 7 s in Luft
- Dissipationskonstante: 2,1 mW/K in Luft.
- Masse: < $0{,}1 \cdot 10^{-3}$ kg

C.2 Piezoresistiver Druckmessfühler

Die in den Strömungsfolgern eingesetzten piezoresistiven OEM-Druckmessfühler (PAA-9S, Firma Keller Druckmesstechnik) weisen folgende Eigenschaften auf [86]:

- Druckbereich: 0...2 bar absolut
- Speisestrom: 1 mA nominal
- Empfindlichkeit: ca. 60 mV/bar
- Linearität Lnorm: max. 1% FS
- Genauigkeit (konst. Temp.): max. 1% FS
- Betriebstemperatur: -30…100 °C
- Komp. Temp.-bereich: -10...80 °C
- Temperaturdrift -10…80 °C:
    - Nullpunkt: < $0{,}05\ \mathrm{mV \cdot K^{-1}}$
    - Empfindlichkeit: < 0,03 %/K
- Brückenwiderstand bei 25 °C:
    - Nominalwert: 3500 Ω ± 20%
    - Temperaturkoeffizient: $2200\ \mathrm{ppm \cdot K^{-1}}$
- Vibrationsempfindlichkeit (20 bis 5000 Hz): $20 \cdot 9{,}81\ \mathrm{m \cdot s^{-2}}$
- Zeitkonstante: < 1 ms (Resonanz > 30 kHz)
- Gehäusematerial: Edelstahl (Werkst.-Nr. 1.4435; AISI 316L)
- Ölfüllung: Silikonöl
- Gewicht: 6,5 g

C.3 Beschleunigungssensor

Der verwendete Beschleunigungssensor ist ein 3-Achsen Inertialsensor vom Typ LIS3LV02DL (STMicroelectronics) und besitzt die folgenden mechanischen und elektrischen Eigenschaften [88]:

- Messbereich: wählbar ±2g, ±6g
- max. Schock: 3000 g für 0,5 ms bzw. 10000 g für 0,1 ms
- Auflösung: 1 mg bei Messrate 40 Hz; 12 Bit
- Empfindlichkeit: 1024 LSB/g im Messbereich ±2g
- Genauigkeit Nullpunkt: < 100 mg
- Empfindlichkeitsdrift: 0,025 %/K
- Nullpunkt-Offsetdrift: 0,2 mg/K
- Nichtlinearität: < ±3%FS im Messbereich ±2g
- Bandbreite: 640 Hz
- Betriebstemperatur: -40 °C bis 85 °C
- Stromverbrauch:
    - Betrieb: < 0,8 mA
    - Schlafmodus: < 10 µA
- Gehäuse: LGA-16
- Abmessung: 4,4 x 7,5 x 1 mm
- Masse: 0,072 g

Anhang D - Lastprofil der Elektronik und Verhalten des Energiespeichers

Das Lastprofil der Erfassungselektronik und das Zusammenwirken von Batterie und Pufferkondensator im Betrieb der Erfassungselektronik wurden gemessen. Dazu wurde die in Abbildung 7.1 dargestellte Messschaltung verwendet. Die beiden Shunt-Widerstände $R_{\text{Shunt}} = 10\ \text{m}\Omega$ (Toleranz 0,1%) dienten zur Messung der Ströme der Batterie und des Kondensators I_{Batt} und I_{Cbatt}. Die Verstärkung der geringen Spannungsabfälle über R_{Shunt} erfolgte mit zwei Instrumentenverstärkern INA128 bei einer Verstärkung $G = 981{,}4$ (Toleranz 1%) und einer Bandbreite von ca. $f_{-3\text{dB}} = 20\ \text{kHz}$ [100]. Die Spannungssignale U_{Batt}, U_1 und U_2 wurden mit einem Oszilloskop (Yokogawa DL9705L Digital Oscilloscope, Abtastrate von 1,25 MHz) aufgezeichnet. Die Ströme ergeben sich aus den Messspannungen U_1 und U_2 gemäß

$$I_{\text{Batt}} = \frac{U_1}{G \cdot R_{\text{Shunt}}} \tag{D.1}$$

und

$$I_{\text{Cbatt}} = \frac{U_2}{G \cdot R_{\text{Shunt}}}. \tag{D.2}$$

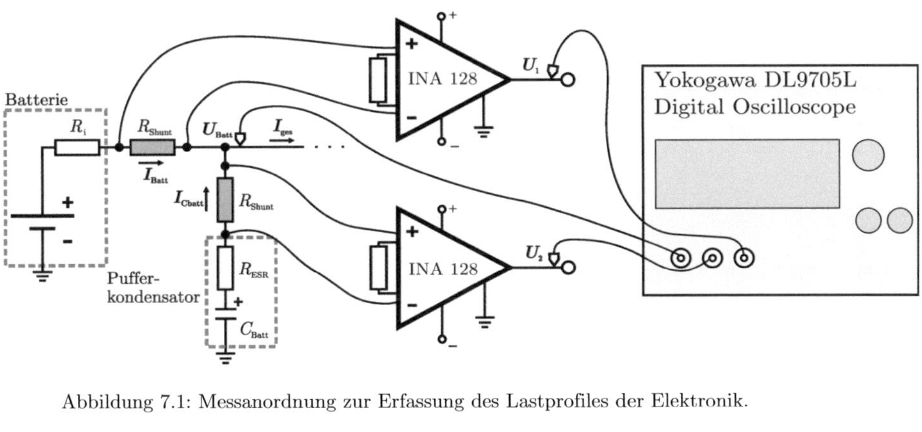

Abbildung 7.1: Messanordnung zur Erfassung des Lastprofiles der Elektronik.

Die Erfassungselektronik wurde bei einer Abtastrate von 10 Hz betrieben, wobei die Messspannungen zeitsynchron für einen Messzyklus mit dem Oszilloskop aufgezeichnet wurden. Die Messung erfolgte mit einer vollen Knopfzelle CR2477 ohne Pufferkondensator und in Kombination mit einem Pufferkondensator $C_{\text{Batt}} = 330\ \mu\text{F}$

(ECASD90G337, Murata). Der gemessene Spannungsverlauf der Batteriespannung ist in Abbildung 7.2 über dem Zeitraum eines Messzyklus von 93,5 ms dargestellt.

Grundlegend ist erkennbar, dass die Knopfzelle zum Betrieb der Elektronik geeignet ist. Die lastbedingten Spannungsschwankungen sind moderat. Daher ist eine Entladung der Batterie bis weit unter 2 V ohne Unterschreitung der Minimalspannung des Aufwärtswandlers von 0,7 V möglich. Das Einschalten der Messfühler und des Speichers verursacht eine Leistungsspitze zu Beginn der Betriebsphase. Dadurch sinkt die Batteriespannung zunächst um $\Delta U_{\text{Batt}} = 130$ mV ab. Das Schalten der Spule am Aufwärtswandler führt zu kleineren Fluktuationen der Batteriespannung im Frequenzbereich bis ca. 50 kHz. Während des Betriebs der Elektronik und der Messfühler entstehen weitere Lastwechsel, welche zum Absinken der Batteriespannung führen. Im Schlafmodus erholt sich die Batterie und die Spannung steigt wieder annähernd auf das Ausgangsniveau an. Im Vergleich dazu verläuft in Kombination mit dem Pufferkondensator die Batteriespannung flacher. Die Leistungsspitze zu Beginn der Betriebsphase führt zu einem deutlich geringeren Einbruch der Batteriespannung von unter 50 mV. Die folgenden pulsförmigen Lastverläufe und die Schaltspitzen der Spule werden durch den Kondensator abgefangen. Beim Übergang in den Schlafmodus wird der Kondensator von der Batterie wieder aufgeladen und die Batteriespannung gelangt auch hier wieder auf das Ausgangsniveau zurück.

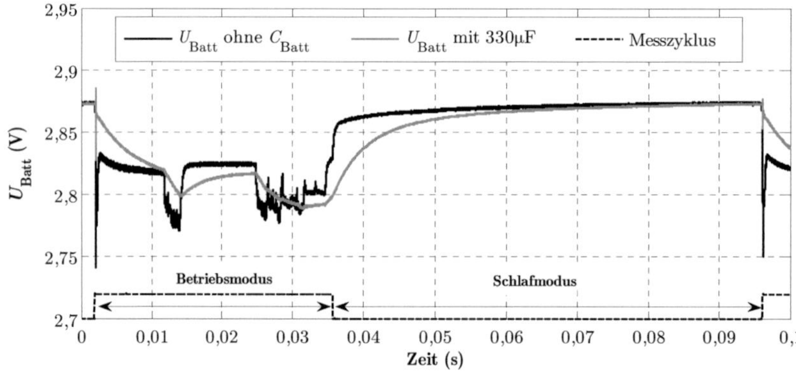

Abbildung 7.2: Gemessener Spannungsverlauf der Batteriespannung über einen Messzyklus von 93,7 ms mit und ohne Pufferkondensator.

In Abbildung 7.3 sind die zugehörigen Verläufe der Teilströme der Batterie und des Pufferkondensators dargestellt. Der Teilstrom der Batterie ist mit dem parallelen Pufferkondensator deutlich geringer. Die Energie für die Stromspitzen der Schaltspule und der Elektronik werden fast vollständig vom Kondensator abgefangen, sodass die

Batterie deutlich homogener belastet wird. In Phasen geringerer Belastung durch die Elektronik wird der Pufferkondensator von der Batterie aufgeladen, was sich in negativen Strömen I_{Cbatt} am Kondensator äußert.

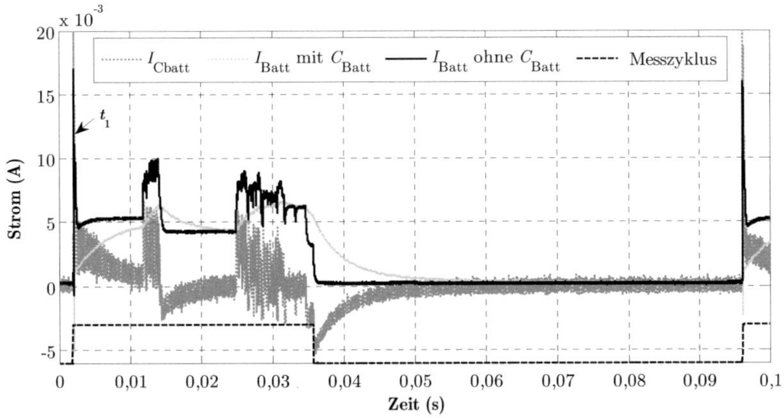

Abbildung 7.3: Gemessene Stromverläufe des Batteriestromes mit und ohne Pufferkondensator sowie des Kondensatorstromes über einen Messzyklus von 93,7 ms.

Die von der Batterie abgegebene Leistung wird gemäß

$$P_{\text{Batt}}(t) = U_{\text{Batt}}(t) \cdot I_{\text{Batt}}(t) \tag{D.3}$$

und die von der Batterie und dem Pufferkondensator an die Elektronik abgegebene Leistung gemäß

$$P_{\text{ges}}(t) = U_{\text{Batt}}(t) \cdot \left(I_{\text{Batt}}(t) + I_{\text{Cbatt}}(t)\right) \tag{D.4}$$

aus den Messwerten für die Batteriespannung und die Teilströme berechnet.

Die Zeitverläufe der Leistung sind in Abbildung 7.4 dargestellt. Die Leistung wurde auf einer logarithmischen Skale aufgetragen, da sich die Momentanwerte zwischen dem Betriebs- und dem Schlafmodus um zwei Größenordnungen unterscheiden.

Die mittlere Leistung der Batterie über den gesamten Messzyklus von 93,5 ms beträgt ohne Pufferkondensator 5,5 mW und mit Pufferkondensator 5,6 mW. Während der Leistungsspitze bei $t_1 = 2$ ms zu Beginn der Betriebsphase erbringt die Batterie ohne den Pufferkondensator eine Maximalleistung von $P_{\text{Batt}}(t_1) = 45$ mW. Hingegen erreicht die Gesamtleistung bei Verwendung des Pufferkondensators zu diesem Zeitpunkt einen Maximalwert von $P_{\text{ges}}(t_1) = 0{,}348$ W während die abgegebene Leistung der Batterie $P_{\text{Batt}}(t_1) < 3$ mW beträgt. Die mittlere Leistung in der Betriebsphase beträgt $\overline{P}_{\text{ges}} = 14{,}3$ mW mit Kondensator bzw. $\overline{P}_{\text{Batt}} = 14{,}1$ mW ohne Kondensator und ist damit für beide Konfigurationen vergleichbar. Der Pufferkondensator liefert in der Betriebsphase im Mittel eine Leistung von

$\overline{P}_{\text{Cbatt}} = 2{,}1$ mW. Im Schlafmodus sinkt die Leistung erwartungsgemäß deutlich ab. Der Pufferkondensator wird von der Batterie in einer Zeit von $\Delta t = 54$ ms aufgeladen. Der Mittelwert der Batterieleistung am Ende der Schlafphase bei $t_2 = 92$ ms beträgt $\overline{P}_{\text{Batt}} = 320$ µW mit Kondensator bzw. $\overline{P}_{\text{Batt}} = 140$ µW ohne Kondensator. Die Differenz ist zum überwiegenden Teil mit den Leckageverlusten des Pufferkondensators und den Leistungsverlusten an dessen Innenwiderstand R_{ESR} und dem verwendeten Messwiderstand R_{Shunt} zu erklären.

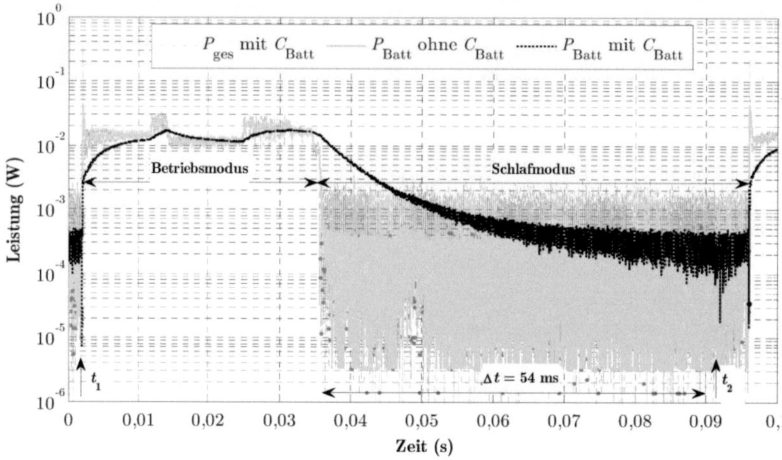

Abbildung 7.4: Zeitverläufe der gemessenen Leistungen P_{ges} und P_{Batt} für die Konfiguration mit und ohne Pufferkondensator C_{Batt}.